湛庐 CHEERS

与最聪明的人共同进化

HERE COMES EVERYBODY

丹尼尔·平克
Daniel H. Pink

GPT时代的"哥白尼"

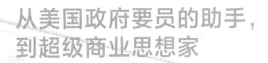

从美国政府要员的助手，到超级商业思想家

1964 年，丹尼尔·平克出生于美国俄亥俄州的一个小镇。高中毕业后，他考入美国西北大学，就读文学专业，加入了蜚声国际的美国大学优等生荣誉学会，获得了杜鲁门学者奖。后来，他又考取了耶鲁大学法学博士学位，在校期间，担任《耶鲁法律政策评论》主编。

从法学院毕业后，平克并没有选择成为律师，而是进入美国政府工作。最初，他担任美国劳工部时任部长罗伯特·赖克的助手。没想到，就在前途一片光明的时候，丹尼尔·平克辞职了。

一方面，这份令很多人羡慕的工作，让他产生了困惑。他被日复一日的办公室政治所困，没有那种真正在做事情的快感。他想要拥有更多的自主权，不想再按部就班地工作。

另一方面，他提前感知到了传统的雇佣关系和工作模式正在被打破，将有越来越多的人开始寻求更加自主和灵活的工作方式。

于是，他成为一个自由工作者，专注于研究如何运用行为科学和社会科学的研究成果解决商业领域中的实际问题。

致力于以科学的工具，
指导人们更好地工作和生活

凭借着对商业领域的敏锐洞察力，平克不断突破传统理念的限制，以前瞻性的探索和思考引领人们走在时代的最前沿，逐渐成为美国 CNN、CNBC、ABC、NPR 等全球著名媒体的商业趋势分析专家。每年，他都在世界各地的企业、协会和大学就未来经济发展的新方向发表演讲。

他还出版了多本畅销多年的获奖图书，包括《驱动力》《全新销售》《全新思维》等。这些著作被翻译成 40 多种语言，在全球售出数百万册。几乎每一部作品，都颠覆了人们的一种传统认知，开创了一个全新的时代。

《全新思维》开启了右脑革命的新时代；《驱动力》爆炸性地颠覆了传统激励理论；《全新销售》从认知科学出发，提出了高成交率的方法论；《憾动力》运用社会心理学、神经科学和生物学的前沿成果，颠覆"不要后悔"的人生观。

平克掀起的商业思维变革的飓风，给这个不断变化的 21 世纪，深深地打下了他的思想烙印。2011年到 2017 年，他 4 次入选"全球 50 位最具影响力的商业思想家"榜单，《财富》杂志赞誉他是"最睿智的思想者"。

洞察未来的思想拓荒者

Chat GPT 的横空出世代表人工智能技术步入新的阶段，人工智能的进步既创造了惊喜，也引发了人们对人工智能取代人类的焦虑和恐惧。早在 2005 年，丹尼尔·平克就开始致力于研究人类无法被机器取代的那些独特能力与特质。

在《全新思维》中，平克就提出，未来需要的是更感性、更富创意的"右脑人"，而不是理性的"左脑人"。在《驱动力》中，平克提出必须激发人的内在驱动力，才有可能令他们发挥出超常能力，解决看似不可能解决的问题。在《全新销售》中，他又率先提出，销售是所有人在任何时代都必须掌握的技能。在新作《憾动力》中，他关注遗憾这种人类特有的情感，给出了善用遗憾解决问题的方法。

毫无疑问，平克在这几本书中提出的观点，成为我们应对人工智能冲击的有力武器。他为我们提供了有实践意义的指导，更为人类应对 GPT 时代提供了具有深远意义的思考。著名管理学大师汤姆·彼得斯盛赞丹尼尔·平克是新时代的"哥白尼"。

平克，这位从白宫走出的商业思想家，他的思想跨越时间，持续迸发出智慧的光芒。他不仅是 21 世纪商业思潮的拓荒者，更是 21 世纪管理思想的引路人。

作者相关演讲洽谈，请联系
BD@cheerspublishing.com

更多相关资讯，请关注

湛庐文化微信订阅号

湛庐 CHEERS 特别制作

CHEERS
湛庐

全新思维

[美] 丹尼尔·平克 著　Daniel H. Pink

高芳 译

A Whole
New Mind

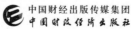

中国财经出版传媒集团
中国财政经济出版社
北京

你了解右脑思维的神奇之处吗?

扫码激活这本书
获取你的专属福利

扫码获取全部测试题及答案,
一起了解概念时代的
全新思维

- 举起你的右手,停在半空中,这一动作是左脑还是右脑控制完成的?

  A. 左脑

  B. 右脑

- 现有的人脸识别技术在识别准确率上经常输给我们人类,这是因为?

  A. 人类不想让机器拥有完善的技术水平

  B. 电脑的 bug 无法修复

  C. 图像分析技术前景渺茫

  D. 人脸用右脑识别人脸,效率远高机器

- 根据最新研究,智商在影响职业成功的因素中所占的比例是多少?

  A. 4% ～ 10%

  B. 5% ～ 20%

  C. 35% ～ 45%

  D. 50% ～ 60%

扫描左侧二维码查看本书更多测试题

塞缪尔·泰勒·柯勒律治

英国浪漫主义诗人

我知道很多有非凡头脑的人，就像科贝特那样超凡、令人折服，但我从未遇见过如此思维超群的人。事实上，一个了不起的人物一定兼具理性和感性特点。

用全新思维决胜未来

非常荣幸有机会向你们介绍丹尼尔·平克四部曲：《全新思维》《驱动力》《全新销售》《憾动力》。

感谢湛庐多年来对我的作品在中国出版的支持，将这个系列呈献给众多重要的读者。也要感谢你们对这四本书的兴趣和关注。虽然我是在与你们相隔万里的美国华盛顿的办公室里写下的这封信，但我衷心希望可以将我的想法传达给你们，并对你们有所帮助。

乍看之下，这四本书似乎以完全不同的方式探讨了截然不同的主题。《全新思维》已经出版近20年，它探讨了那些经常被忽视、低估的能力，我将它们称为"高概念"和"高感性"能力，如艺术创作能力、共情能力、发明创造能力及全局思维能力，这些能力的重要性正与日俱增。《驱动力》审视了人类的动机，我在书中指出，人们对动机的许多看法都是错误的。高绩效和高满足感的秘密在于我们对主导自己的生活、学习和创造新事物，以及让自己和周围世界变得更好的深层需求。《全新销售》为我们了解销售的艺术和技巧

提供了一个新的视角。如今，在中国和世界其他地区，人们从事销售的频率已经远远超出我们的想象。而《憾动力》提出了一个反直觉的观点：后悔和遗憾虽然让我们痛苦，但却是我们不可或缺的情感。它帮助我们做出更明智的决定，让我们表现得更好、生活得更有意义。

跟随科学指引，找到未来的方向

尽管从表面上看，这四本书各有差异，但有几个共同点将它们串联在一起。

首先，我们关于工作、商业乃至人类生存条件的许多观点和做法都已过时。它们要么建立在错误的假设之上，要么是为过去的世界而设计的。结果是，现有的个人和组织的运作规则已经陈旧，所依赖的环境也不再反映实际情况，这是一个难以应对的挑战。人类常常被所谓的对"现状"的偏见左右，相信目前存在的一切是自然形成且理想的。但使个人和社会蓬勃发展的方法，正是挑战这种偏见、坚持不懈地审视我们的假设，并用全新的、批判性的眼光看待当下。这四本书都试图做到这一点。

其次，这四本书揭示的第二个共同点是：科学可以为未来指明道路。神话、传统观念和民间传说塑造了我们的假设，指引着我们的行为。但科学揭示的真理比神话、传统观念和民间传说更加实用且引人入胜。当我们花费大量时间深入研究时，常常会有惊人的发现。虽然这些发现有时不太寻常，但它们总能带来启发。当然，科学并不完美，探索永无止境，但只要跟随数据指引的方向，科学就是理解世界运作方式的系统方法，远比那些惯例、传说和僵化的范例要可靠、有趣得多。

这也引出了这四本书的第三个共同点。虽然科学确实可以帮助我们了解世界是如何运作的，但我们必须更进一步，将这些知识应用到个人生活中。仅从概念层面掌握有关动机、销售和决策的科学知识是不够的，还需要将这些见解转化为实用工具、具体策略和可操作的建议，供每个人在日常生活中运用。这个系列的每一本书都旨在为你提供科学方法，让你能够更高效地工作，表现更出色，过上更充实的生活。在书中，你会发现许多实用技巧，这些技巧都是我从世界各地的研究亮点中提炼出来的。我一直希望能够写出一本书，既包含有深度的观点和想法，又能提供根植于这些观点和想法的建议。这也是我想读的那种书。我相信我做到了。

最后，这四本书还有一个最重要、也许也是最简单的共同点：要想掌控未来，最好的方法就是了解人类得以永恒的本质。我在每本书的开头都描述了世界正在发生的变化：世界正朝着更加富裕和自动化的方向发展，人们更具创业精神，劳动力市场更有弹性。我们可以更广泛地获取信息，做出选择和接受教育。最近，人工智能的兴起颠覆了人们长期以来对未来生活和经济发展的诸多看法。从复杂的计算到语音识别，从玩策略游戏到创作儿歌，当计算机在许多领域都超越人类时，它迫使我们重新思考一些基本问题：我们是谁？人类究竟有什么特别之处？

彰显属于你的独特能力

这些基本问题引出了这个系列的核心观点：即使科技改写了规则，人类行为的基本原则和人类本身仍然是经久不衰的。正如我在《全新思维》中所写的那样，即使以受过良好教育的信息操作员和专业人士为代表的"知识工作者"的时代即将过去，在人工智能时代，其他深层次的人类能力也将占上风，"我们曾经蔑视或认为无足轻重的能力，即'右脑'的创造力、

V

全新思维

共情力、娱乐感和意义感，将越来越能决定谁会蒸蒸日上，谁将举步维艰"。同样，在《驱动力》中，我指出，关于人类动机的科学研究已经证实那些古老的智慧：激励我们把工作做到最好、过上满意生活的，是我们想要掌握生活的主导权、在重要的事情上做得更好、实现自我价值的深层欲望。

因此，在这个时代，当许多与"思考"有关的任务都可以外包给大型语言模型和其他人工智能工具时，**想要对未来做出最明确的指导，就需要辨别什么是不可替代的人类能力**。机器或许可以诊断某些疾病或驾驶某种汽车，但它们无法安慰、温暖他人，与他人共情。正因如此，在《全新销售》中，我建议，无论你是上海的企业家，还是芝加哥的销售人员，都应该培养三项基本素质：内外和谐、情绪浮力和头脑清晰。这也解释了为什么在《憾动力》中，我认为遗憾这一人类误解最深的情感应该成为指导我们生活、做出关键选择的重要组成部分。几十年来，中国经历了令人惊叹的技术进步和经济增长，随着人工智能和自动化重塑商业的逻辑，"是什么让我们成为人"的问题将变得更加紧迫和重要。

无论何时，个人和社会进步的最佳途径都是投资、培养人类的独特能力并加以运用。如果能在这些方面为你提供指导，哪怕只有很小的帮助，我也将深感欣慰。

再次感谢湛庐，也非常感谢你们能够打开书页，与我一起踏上这段旅程。我希望这个系列不仅能为你们提供信息、激发灵感，还能为我们架起一座桥梁，通过传递共同的想法和愿望，拉近彼此的距离。

丹尼尔·平克

你够全新思维吗

我很荣幸本书能够在中国出版。自 2005 年本书在美国上市至今已有 8 年时间[①]，因此，人们常常问我："书中的内容和现在还有联系吗？"我的回答是："是的，或许联系更大了。"现在，来听听我自己的故事吧。

大约 50 年前，我出生在美国一个中产阶级家庭。当时，美国是一个高度发达的国家，正处于经济转型期。20 世纪中叶，美国经济发展的主要动力是大规模制造，对从事重复性工作的劳动力需求激增，这就拓宽了跻身中产阶级的道路。很多美国的男孩子在中学毕业后，就可以在工厂找到一份工作，过上稳定、安逸的生活。

但是，情况慢慢发生了变化。一些常规的体力工作转移到成本更低的亚洲国家，还有一些工作也由机器取代了人力。试想一下两个人搬运一堆箱子和用叉车运输同样数量的箱子之间的差别！这种转变，也影响了我未来的人生道路。中学毕业后就在工厂找一份稳定工作的人生之路再也行不通了，一条新的道路正在慢慢形成。

---

① 全书描述的时间均以该书 2005 年的出版时间为准，本篇序写于 2013 年。——编者注

这条新兴之路大致是这样的：取得好成绩，考上好大学，再找一份适应新兴经济格局的好工作，如成为一名会计师、律师或工程师，抑或是做一份需要常规认知技能而非常规体力劳动的工作。

在20世纪70年代的美国，这就是自小父母给我的教诲，而且我也照做了：在学校努力取得好成绩，考上好大学，获得了法学博士学位。

但在过去的几年中，我看到规则又发生了改变，就像在我童年时发生的那样。今天，成为一个工程师、会计师或律师，已不再是过上稳定生活的不二之选。这是为什么呢？

第一个原因是，各大洲的发展中国家迅速崛起，尤其是亚洲的发展中国家，经济的增速已经超越北美、日本和西欧的发展中国家。现在，左脑擅长的常规计算型工作在印度、菲律宾、中国等亚洲国家也有人做，而且成本更低。

同时，白领工作也面临同样的压力，就像上一代蓝领工作一样。20世纪，机器取代了人力；21世纪，软件则取代了我们的大脑。但是到目前为止，软件能取代的大脑工作还仅限于常规的计算型工作，比如会计和律师的很多职能。

第二个更重要的原因是，随着各国物质生活水平的提高，包括经济正处于上升期的中国，企业要想在竞争激烈的市场上取胜，不得不寄希望于产品的新颖性和创新性。例如，在电视已相当普遍的今天，仅提供屏幕稍大的电视已不再是持久的营销策略。企业需要做的已不再是附加某些改进，或仅在现有基础上加以提升，而是要创造新的商品和服务。看看 iPad 的出现及其普及程度，四年前，它还根本不存在；如今，很多人已无法想象没有它的日子。

总之，如今的企业和个人必须去做那些很难外包给低成本供应商的工作、很难转变为软件里几行代码的工作，以及为客户提供他们还不知道自己已经错过的东西。传统的左脑技能依然重要，但现在需要的是另一套截然不同的、更重要的能力——右脑技能，即艺术感、共情感、创意及全局思维能力。

让我们再回到开头提出的问题。当前的世界经济困境推动了右脑思维趋势，加快了它的步伐。在困难时期，公司往往为了节俭资金，会将大量工作外包，使更多常规工作自动化，这就更加凸显了非常规能力的价值。同样，当消费者的现金和信贷短缺时，他们不太可能为了只有些许改进的产品、服务和体验而掏腰包。他们想要的是更为大胆的东西，是真正的创新，得以让他们发现以前尚未意识到的需要。

这一切听起来让人望而却步。事实上，很多读者，我见过的或有邮件来往的，都担心为了培养和磨炼这些新的关键能力要付出大量努力。其实，我也有同样的担心。很多人感叹说，大多数国家的教育体制令人失望，无法帮助年轻人做好适应 21 世纪的准备。对此，我也赞同。

然而，过去的 8 年，我有幸游历了世界各地，发现整体的情况还相对乐观。让我惊讶的是，每一个国家的读者（这本书已被翻译成 24 种语言）都说他们在书里看到了自己，他们相信自己有能力在这个新的时代崭露头角。这或许没什么大惊小怪的。毕竟，书中提及的能力是人类的基本能力，也是电脑所不能替代的。设计感、故事感、交响力、共情力、娱乐感、意义感，之前并未得到重视，只有那些善于运用这些能力的人，才能从日常的工作生活中看出新意。日本人、土耳其人和巴西人都告诉我，他们的国家在这些新兴能力方面优势明显。

中国也同样如此。中国已经与当时的美国一样，来到了一个时代的转折点。它已开始超越常规的、批量的大规模生产，转而需要更强的判断力和创造力以及应对复杂工作的能力。这本书会帮助你们在新能力的探索之路上走得更快。至少，我希望本书所提供的全新思维工具箱，可以更好地为你的事业和生活保驾护航。

著名未来学家彼得·伊利亚德说："今天我们如果不生活在未来，那么未来我们将生活在过去！"再次感谢能有机会让更多的中国读者看到这本书，希望它能够对你有所助益。

丹尼尔·平克

未来，属于那些拥有全新思维的人

过去几十年属于某些具有特定思维的人，即编写代码的电脑程序员、起草协议的律师和处理各种数据的MBA。然而，**事情正在发生改变，未来将属于那些具有独特思维、与众不同的人，即有创造型思维、共情型思维、模式辨别思维或探寻意义型思维的人。**这些人包括艺术家、发明家、设计师、小说家、护理员、咨询师和具有全局意识的人，他们将会获得最大的社会回报，并享受到极大的快乐。

从信息时代迈向概念时代

A WHOLE
NEW
MIND

引言

Why
Right-Brainers
Will Rule
the Future

本书讲述的是大多数发达国家目前正在发生的重大变化，尽管人们还未注意到。**当前，我们正从信息时代走向概念时代。**在信息时代，经济和社会的基础是线性思维、逻辑能力以及类似计算机般的能力；而在概念时代，经济和社会的基础是创造型思维、共情力和把握全局的能力。本书正是为每一个想要在这个新兴世界求得生存、谋取发展的人而创作的——无论是正为自己的事业而苦恼或是不满足当前生活的人，还是渴望在下一波商战中取得领先地位的企业家和商界领袖，或者希望孩子能拥有美好未来的父母，抑或那些情感丰富、精明、睿智、具有创造力的人。但遗憾的是，信息时代却总是在贬低，甚至无视他们这些独特的能力。

在书中，你会了解到"6大必备能力"（我称之为"6大感知"）。未来，职业成就和个人的满足将越来越多地取决于这"6大必备能力"——**设计感、故事力、交响力、共情力、娱乐感和意义感**。这些是每个人都可以掌握的人类基本技能，而我的目标就是帮助你掌握这些能力！

成为全新思维型人才

向概念时代的转变意义重大，形式复杂，但是本书的中心论点却十分简单。近百年来，西方社会，尤其是美国社会，一直以来都被一种过于简单、着重分析的思维模式和生活方式所主导。我们的社会俨然步入了一个"知识工作者"的时代。所谓知识工作者，即受过良好教育的信息操作员和专业人士。由于各种力量的作用，如物质财富的充裕正在深化非物质追求，全球化使白领工作遍布海外，强大的技术将某些工种清除殆尽，现在我们正向一个全新的时代迈进。这个时代拥有全然不同的思维模式和全新的生活方式，更加重视我所说的"高概念"和"高感性"能力。

- 高概念能力包括：创造艺术美感和情感美，辨析各种模式，发现各种机会，创造令人满意的情节，以及将看似无关的观点组合成某种新观点。
- 高感性能力包括：理解他人，了解人际交往的微妙，找到自己的快乐并感染他人，以及打破常规、探寻生活的目标和意义。

碰巧的是，你的大脑刚好可以说明我所谈及的变化。我们的大脑分为两个半球：左半球主要负责顺序组合、逻辑思考和分析判断；右半球主要负责非线性思维、直觉判断和综观全局。然而，它们之间的差别被过分夸大了。当然，即使是最简单的任务，也需要两个大脑半球同时运转。以大脑左右半球的差异作比喻，使我们能够解读现在，展望未来。上一个时代所标榜的技能，即驱动信息时代的"左脑"能力，在今天依然是必要的，但已远远不能满足当前的需要。我们曾经蔑视或认为无足轻重的能力，即"右脑"的创造力、共情力、娱乐感和意义感，将越来越能决定谁会蒸蒸日上，谁将举步维艰。对任何个人、家庭或机构而言，无论是要取得事业上的成功还是得到个人的满足，都需要具备全新思维。

第一部分重点讲述了概念时代，为我们展示了振奋人心的理念蓝图。第 1 章概述了大脑左右半球的主要区别，解释了为什么我们的大脑结构能够使我们解读时代全局。在第 2 章，我引用了一个绝对真实的案例，目的是引起大部分倾向于使用左脑的人们的注意，解释了三个重大的社会和经济力量是如何将我们推向概念时代的。第 3 章对高概念和高感性进行了解释，并阐述了为什么掌握这些能力的人会决定现代社会的生活节奏。

第二部分重点讲述了 6 大能力，即高概念和高感性能力。要想在这个新兴时代取得成功，就需要拥有 6 大必备能力：设计感、故事力、交响力、共情力、娱乐感和意义感。每种能力各成一章，讲述各个能力是如何作用于商业和日常生活的。其中第 9 章内容广泛。我们会参观孟买的一家欢笑俱乐部以及美国中部一个城市里正在规划的中学，学习分辨世界各地的微笑是否真诚。

然而，在学习如何运用大脑之前，我们首先需要了解大脑，弄清楚大脑是如何工作的。所以，我们会从马里兰州贝塞斯达的国家健康研究所出发，在那里，我被平躺着推入一个车库般大小的仪器，任由电磁波从我的头部穿射而过……

A
WHOLE
NEW
MIND

目录

Why
Right-Brainers
Will Rule
the Future

第一部分　为什么要拥有全新思维

概念时代，右脑思维的崛起

全新思维洞察　以前，左脑思维是司机，而右脑思维是乘客。现在，右脑思维突然抢走了方向盘，加大油门向前奔驰，并决定我们要去哪里，以及怎样到达目的地。

003

右脑思维的3大推动力

全新思维洞察　左脑思维让生活更加美好，但未必让我们更加快乐。"软件已成为头脑的铲车"，只有具备电脑无法企及的能力，才能在未来占据领先地位。

027

全新思维

意义感
探寻人生的终极幸福

全新思维洞察 我们生来就是要探寻人生意义，而不是来享乐的。理想的生活并不是在惊恐中寻找奶酪，而是走完这段路程，发现人生的真谛。

219

全新思维工具箱 发现生活中的幸福

A WHOLE NEW MIND

第一部分

为什么要拥有全新思维

Why
Right-Brainers
Will Rule
the Future

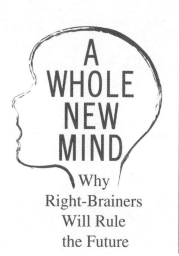

A
WHOLE
NEW
MIND

Why
Right-Brainers
Will Rule
the Future

01 概念时代，右脑思维的崛起

以前，左脑思维是司机，而右脑思维是乘客。现在，右脑思维突然抢走了方向盘，加大油门向前奔驰，并决定我们要去哪里，以及怎样到达目的地。

他们做的第一件事是把电极连到我的手指上，检测我的排汗量。如果我试图说谎，排汗情况就会出现异常。然后，他们把我带到伸展台旁，伸展台上包有一层皱巴巴的蓝纸，当你爬上诊疗床时，它就会在腿下发出轻轻的摩擦声。我平躺下来，把脑袋放在凹陷处。一个笼形罩在我的头上方晃来晃去，这个罩子和《沉默的羔羊》中汉尼拔·莱克特戴的面具极为相似。我动了动，这可犯了大错。一名技术人员走过来拿起一卷厚胶带说："别动，我们要用胶带固定住你的头。"

当时正值 5 月，这座恢宏的政府大楼外面正下着细雨。而在大楼里，在地下室冰冷的房间内，我即将接受大脑扫描。

我的大脑卫星云图

> 在这个外包盛行、高度自动化的时代，我们的生活会变成什么样子，也许可以从大脑的构成上找到一些启示。

我和我的大脑已经共同生活了 40 年，却从来没有见过它长什么样

全新思维

子。虽然我看过别人的大脑图像，但对自己的大脑是什么样子以及它是如何运作的却一无所知。现在，我的机会来了。

有那么一会儿，我开始纳闷，在这个外包盛行、高度自动化的时代，我们的生活会变成什么样子，同时我也开始怀疑是否能从大脑的构成上得到一些启示。因此，当得知位于华盛顿市外的美国国家心理健康研究所正在进行有关研究时，我自愿加入作为一名对照组成员（被试），研究人员称之为"健康志愿者"。该研究要捕捉大脑在休息和工作时所呈现的图像，这意味着我很快就会看到在过去40年里一直支配我的大脑，也许还会弄明白我们会如何规划未来。

我躺着的伸展台从磁共振系统（GE Signa 3T）的中间凸出来，该仪器是世界上最先进的核磁共振成像机之一。这台价值250万美元的宝贝仪器，利用强大的磁场生成人体内部影像，且成像质量极高。该设备体积庞大，每一侧差不多长达2.5米，重达16吨。

仪器的中间有一个直径约0.6米的圆口，技术人员通过圆口将伸展台滑进仪器的中心。我的胳膊固定在身体两侧，顶盖就在我的鼻子上方5厘米处，当时感觉自己像是被塞入了鱼雷发射管，而人们也早已将我遗忘。

咔嗒！咔嗒！咔嗒！仪器开始运转。咔嗒！咔嗒！咔嗒！这声音听起来好像是我戴了个头盔，而有人在外面一直敲打。接着，我听到一阵"吱吱吱——嗯嗯嗯——"的振动声，然后又安静了下来；接着又是一阵振动，然后又安静下来，不过这次比上次更加安静。

半小时后，他们拿到了我的大脑图像。看到图像后我有点小小的失望，因为这和我在课本上见过的其他大脑极为相似，几乎没有什么差别：中间有一条垂直的浅沟将大脑分为左右两个半球。这个特征十分明显，神经病学家在看我那张普通的大脑图时首先注意到的就是这一点。他说："两个大脑半球非常对称。"也就是说，我头颅内重 1 400 克的物质同你头颅内重 1 400 克的物质一样，都被分为相互联系的两半。一半称为左半球，另一半称为右半球。两个半球虽然看起来一样，但在形式和功能上却截然不同，这一点在接下来的研究中将得到证明。而我，就是那只小白鼠。

最初的大脑扫描，就像是坐着让人给自己画像。我先躺下，把脑袋放好，然后仪器再绘成图像。虽然人类已经能够从这些大脑图像中得到很多信息，但是有一项更新的技术——功能磁共振成像（fMRI），能够捕捉到大脑在思考时形成的图像。研究人员要求被试在仪器内哼曲子、听笑话或者猜谜语等，然后仪器会跟踪脑部血流情况。扫描结果就如同卫星气象图，上面布满了彩色斑点，斑点集中的地方就是脑部活跃区。该技术对科学和医学研究作出了革命性的贡献，它使我们对人类行为有了更深刻的了解——无论是儿童读写障碍、阿尔茨海默病，还是啼哭的婴儿。

思维的奥秘

人类的确有两个大脑，它是"宇宙世界已知的最复杂的东西"。

技术人员再次把我推进这个貌似品客罐的高科技仪器内。这一次，他们安装了一个潜望镜装置，让我能看到外面的幻灯片。在我的左手边有一个小按键器，与电脑相连。然后，他们会让我的大脑运转起来，并以这种方式告诉我，要想在 21 世纪谋求发展所需要的是什么。

第一个任务很简单。屏幕上展示的是一张面部表情十分夸张的黑白照片：一名看起来像是被踩到脚趾的女性，或者是一名显然刚想起来忘记穿裤子就出门了的家伙。之后他们拿掉这张照片，在屏幕上飞快地闪过另一个人的两张照片。我要做的是，按键指出这两张照片中哪一张脸的表情同第一张照片的表情是相同的。

研究人员首先展示了这张照片（见图 1-1）：

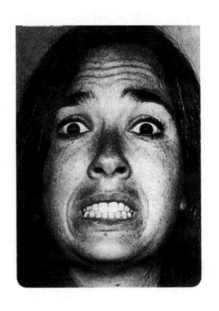

图1-1　表情图一

然后他们拿掉这张照片，又给我看这两张（见图 1-2）：

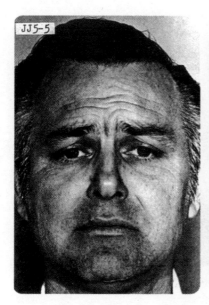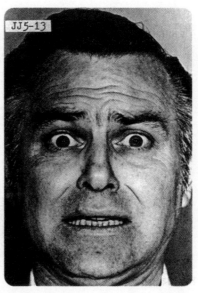

图1-2 表情图二

　　我点击了右键，因为右边这张脸的表情和之前的一样。这个任务，连傻瓜都知道选哪个——请原谅我不雅的表达方式。

　　面部匹配测试结束后，我们进入下一个感知测试。研究人员一张接一张地给我展示了共48张彩色照片，我要做的是按键指出这些场景是发生在室内还是室外。这些照片有两个极端：有些怪异、令人不安；有些却普通、平和。其中，有一张是一个放在柜台上的咖啡杯，有一张是几个人正挥舞着手枪，有一张是垃圾四溢的卫生间，有一张是一盏灯，还有几张是关于爆炸场面的……

　　比如，研究人员展示了这样一张照片（见图1-3）：

A
WHOLE
NEW
MIND
Why
Right-Brainers
Will Rule
the Future

全新思维

图1-3　场景图

于是我按下了表示该场景是发生在室内的按钮。这项任务要求我一定要集中注意力，但实际上并没有费多大力气，因为我感觉这项测试和上一项测试没有什么区别。

然而，大脑内部的运转却截然不同。大脑扫描结果显示：当我看到的是冷峻的面部表情时，右脑马上就会活跃起来，同时它还会把右脑的其他部位调动起来；当看到的是恐怖场面时，左脑则处于活跃状态。当然，在执行任务时，大脑的左右半球都会处于运转状态，只是活跃程度不同。虽然在两个测试中我的感觉是完全一样的，但是功能磁共振成像明确显示，当我看到的是面部表情时，右脑的反应要大于左脑；当看到的是挥舞手枪的坏人或类似的场景时，左脑的反应要大于右脑。

这是为什么呢？

右脑思维 VS 左脑思维

> 在人类世界，我们不必非要作出取舍，说到底，阴总是需要阳。

我们的大脑非常奇妙。通常，大脑包括 1 000 亿个脑细胞，每个脑细胞都同其他 10 000 个脑细胞相互联系。这些细胞组合在一起形成一个精密的网络，在这个网络里有 1 000 万亿个连接，正是这个网络控制着我们的言语、饮食、呼吸和行动。詹姆斯·沃森（James Watson）因发现 DNA 的"双螺旋"结构而获得诺贝尔奖，他称大脑是"宇宙世界已知的最复杂的东西"；而美国电影导演伍迪·艾伦（Woody Allen）则称大脑为"第二喜欢的器官"。

虽然大脑非常复杂，但其大致外形却很简单也很对称。科学家很早以前就已经知道，大脑内有一条神经"梅森-迪克逊线"① 将其分成两半部分，但奇怪的是，直到最近科研机构还认为，大脑的两半部分虽然是分开的，但却是主次有别的。他们认为，左脑居于主要地位，是人之所以为"人"的关键；而右脑只是辅助性的，居于从属地位，有人甚至认为它是人类发展早期的遗留物。左脑是理性的，擅长逻辑思考和分析，符合我们对大脑的一切预期。而右脑是无语言能力的，擅长非线性思考和直觉判断，是一个已经退化的人类器官。

早在"医药之父"希波克拉底的时代，医师们就认为，与心脏同处一侧的左脑是不可或缺的半脑。到 19 世纪，科学家们开始搜集支持这一观点的证据。19 世纪 60 年代，法国神经病学家保罗·布洛卡（Paul

---

① 美国南北分界线。——译者注

Broca）发现左脑的某一区域控制着语言能力。10 年后，德国神经病学家卡尔·韦尼克（Carl Wernicke）在语言理解能力上也有了类似的发现。这些发现使人们得出一个简单却令人信服的三段式推论，即：将人与动物区别开的是语言；语言能力处于左脑。因此，左脑是人之所以为人的关键。

> **名词解释**
>
> **左脑思维：** 具有典型的左脑特征，即顺序性、表面性、功能性、文本性和分析性。这一思维方式在信息时代广受欢迎，得到了严肃机构和学校的高度重视，其典型代表是电脑程序员。

在 20 世纪，这一观点盛极一时。直到加州理工学院温文尔雅的罗杰·斯佩里（Roger Sperry）教授重塑了我们对大脑和自身的理解，这一势头才有所减弱。

20 世纪 50 年代，斯佩里对一些被切除了胼胝体的癫痫病患者进行了研究。胼胝体由大约 3 亿条神经纤维构成，连接左右大脑半球。斯佩里对这些"裂脑"病人做了一系列实验，他发现原来的观点是有缺陷的。我们的大脑的确分为左右两半，但斯佩里指出："对于所谓的从属或次要的右脑，之前我们认为它没有语言和书写能力、反应迟钝，有些权威人士甚至还认为它没有意识，然而实际上当大脑在从事某些智力活动时，右脑更胜一筹。"

也就是说，右脑并非不如左脑，它只是不同

于左脑。斯佩里写道："大脑似乎具备两种思维模式，这两种思维模式是相互独立的，分属左脑和右脑。"左脑负责顺序推理，擅长分析和文字处理；而右脑负责整体推理、模式识别以及领会各种情绪和非语言类表达。如此说来，人类的确有两个大脑。

罗杰·斯佩里凭借这一研究赢得了诺贝尔生理学或医学奖，也给心理学和神经科学研究领域带来了永久性的变革。1994 年，斯佩里逝世，《纽约时报》将其誉为"颠覆传统左脑优势论"的人，称赞他是一位非常了不起的科学家，"他的实验在民间广为流传"。

虽然在把这一观念从实验室引入生活方面，斯佩里起到了一定的推动作用，但对此作出突出贡献的却是加州大学美术教师贝蒂·艾德华（Betty Edwards）。1979 年，艾德华出版了一本名为《像艺术家一样思考》（ *The Drawing on the Right Side of the Brain* ）的书。在书中，艾德华否认了有些人没有艺术天分的观点。她说："绘画其实并不难，关键在于你观察到了什么。"观察（这里说的是真正的观察）的秘密在于，让自诩为万事通的专横的左脑安静下来，这样相对温和的右脑就可以展示它的魅力了。虽然有人指责艾德华将科学看得过于简单化，但她的书仍然十分畅销，并成为美术课程的主要用书（在第 6 章我们会了解到艾德华的绘画技巧）。

斯佩里开拓性的研究、艾德华巧妙的宣传和诸如功能磁共振成像技术的到来，使右脑也得到了认可。右脑是大脑不可或缺的重要组成部分，同样是人之所以为"人"的关键。任何有着博士头衔的神经科学家都不会对此予以否认。然而，在神经科学实验室和大脑成像诊室以外，还流传着两个对右脑的误解。

对右脑的两大误解

> 右脑既不会拯救我们，也不会对我们构成威胁。实际上，事实总是更加微妙。

这两个误解虽然从根本上是相互对立的，但两者都十分荒谬。其中一方持右脑救世观，另一方则持右脑毁灭论。

右脑救世观的支持者以科学研究为根据，不仅给予右脑充分的认可，甚至对其充满了崇敬之情。他们认为右脑无所不能，是人类一切美好、公平和高尚的源泉。神经科学家罗伯特·奥恩斯坦（Robert Ornstein）在《右脑》（*The Right Mind*）一书中说：

> 很多著名作家都曾写到，右脑是人类拓展思维、摆脱痛苦、治愈自闭症和解决其他诸多问题的关键。右脑会拯救我们的生命，是创造力和灵感之源，甚至还具备多元思维能力。

多年来，该理论的支持者一直试图证明右脑在诸多事情上的优势，比如做饭、节食、投资、理财、慢跑、骑马，更不用说数字命理学、占星术、性行为等方面了。其中，性行为让人类得以繁衍。孩子们吃的是有利于开发右脑的早餐麦片，玩的是开发右脑的积木，看的是激发右脑思维的视频。该理论坚信，他们终究会有所作为。在与此相关的书籍、产品和研讨会中，不乏一两个有价值的想法，但通常都是非常愚蠢的。更糟糕的是，这一连串毫无根据、令人费解的新时代观点，非但没有加深大家对右脑非凡品质的认识，反而起了反作用。

随着右脑救世观的盛行，另一个与此截然相反的观点也应运而生。该观点勉强认可右脑，但同时也认为，如果过度强调所谓的右脑思维，也许会妨碍左脑逻辑思维能力可能会带来的经济和社会进步。

右脑的所有功能都非常了不起，如领会情感、感知直觉以及综观全局等，然而，这些也只是智力的一小部分。将我们与动物区别开来的，是理性分析能力。作为人类，我们因拥有计算能力而与众不同、独一无二；其他事物不只是与我们不同，在能力上也远远不及人类。过多关注感性和情感的东西，会让我们变得愚蠢，并从此一蹶不振。斯佩里逝世前曾说："总之，现代社会依然歧视右脑。"持右脑毁灭论观点的人仍然认为，尽管右脑的重要性有所提升，但还是处于次要地位。

实际上，右脑既不会拯救我们，也不会对我们构成威胁。事实总是更加微妙。

名词解释

右脑思维：具有典型的右脑特征，即同步性、隐语性、审美性、语境性和综合性。这一思维方式在信息时代并未得到足够重视，被各个机构和学校所忽略，其典型代表是发明家和护理员。

左脑是狐狸，右脑是刺猬

> 狐狸知道很多事情，而刺猬只知道一件大事。

大脑的左右半球并不像开关那样运作，一边接通后，另一边就会断开。事实上，几乎做任何事情的时候，大脑的两个半球都会发挥作用。在一本医学入门书中有这样的解释："我们可以说，当大脑启动某种功能时，某一区域比其他区域更活跃，但不能说这些功能仅仅局限于大脑的某一特定区域。"此外，神经科学家一致认为，在指引我们的行为、理解和认识世界以及对外部事件作出反应方面，大脑两个半球的作用截然不同。这些差异，在很大程度上指引着我们的个人生活和职业生涯的发展方向。迄今为止，对大脑的研究已有 30 多年，其研究成果可以归结为以下 4 个主要差异。

1. 左脑控制右侧身体，右脑控制左侧身体。

举起你的右手，停在半空中，这一动作是左脑或者更确切地说是左脑的某一区域控制完成的。现在，跺一下左脚，这是右脑控制完成的。大脑的左右半球分别控制着对侧身体，因此，右脑中风后会导致左侧身体行动困难；而左脑中风则会影响右侧身体的功能。大约 90% 的人都惯用右手，也就是说，日常生活中的重要行为都由左脑控制，如写字、吃饭以及使用鼠标。

当我们签名、踢球，甚至转动头部和眼睛时，都会出现对侧控制现象。这里有一个测试。把头缓缓转向左侧，控制这一动作的是对侧的大脑半球，即右脑；再把头缓缓转向右侧，这次是左脑在发挥作用。现在，随意用你喜欢的一侧大脑，设想出一个涉及第二个动作的行为，就像你现在正在做的——阅读。在西方，读书和写作都是从左向右的，这会使左脑得到锻炼。大约公元前550年，希腊人发明了文字，文字的出现巩固了左脑的支配地位，造就了哈佛大学古典学者埃里克·哈夫洛克（Eric Havelock）所谓的"字母顺序的思维"。因此，左脑一直以来都处于支配地位也就不足为奇了，因为只有左脑知道从左至右的书写规则。

2. 左脑是按先后顺序运作的，右脑是同步进行的。

现在请想一想字母顺序思维的另一方面：它按照顺序处理各种声音和符号。"当你读到这句话的时候"，首先看到的是"当"，然后是"你"，而按照顺序解读每个音节、每个字，这个能力正是左脑所擅长的。引用一本神经学教科书中的话来说就是：

> 左脑尤其擅长识别连续事件，即一个接一个发生的事件，以及控制行为发生的次序，还擅长控制序列行为，比如语言活动中的说话、理解他人的话语以及阅读和写作。

相比之下，右脑并不擅长处理像ABCDE这样的序列事件，它的独特能力在于，可以对事物进行同步解读。右脑"善于同时看到多个方面：它可以同时看清一个几何图形的各个部分，然后记住它的形状；或者同时看到某个事件的各个要素，然后弄明白个中意味"。因此，右脑有着突出的人脸识别能力，这也是人类相较于计算机的一大优势。比如，我用的苹果电脑（iMac）一秒钟可以进行上百万次运算，远远快于地球上最敏捷的左脑，但即便世界上最厉害的电脑，其识别人脸的速度和准确率也比不上一个还在蹒跚学步的孩子。我们可以这样看待顺序和同步的差异：右脑是一幅画，而左脑是数以千计的单词。

3. 左脑专注于理解字面含义，而右脑专注于领会情境、语境。

大多数人都认为语言起源于左脑。对大约 95% 惯用右手的人和 70% 惯用左手的人而言是这样，但对其余大约 8% 的人而言，语言能力的分工要相对复杂一些。然而，这并不是说右脑把所有责任全部移交给了左脑，事实上，左右大脑的功能是互补的。

假设一天晚上你们夫妻俩正准备晚餐，中途你爱人发现你忘记买晚餐所需的关键配料了，于是你爱人抓起车钥匙、撇了一下嘴、瞪着你生气地低声说道："我去超市了。"几乎所有大脑功能健全的人都会明白，你爱人的话包含两层含义：一是你爱人要去超市；二是你爱人非常生气。其中，你的左脑意识到的是第一点，即识别你爱人发出的声音以及这句话的句法，领会其字面意思；而你的右脑意识到的是第二点，即普通的中性词"我去超市了"不再保持中性，你爱人瞪着你的双眼和充满怒气的低语都表明，你爱人很生气。

　　无论大脑的哪一个半球受到损伤，都不能作出上述两层推断。如果一个人右脑受损，只有左脑发挥作用，当他听到这句话时，他会明白对方要开车去超市，但是却意识不到对方的愤怒。如果一个人左脑受损，而只有右脑发挥作用，他会意识到对方生气了，却不知道他要去哪里。

　　该区别不仅体现在语言理解层面，还体现在说话能力上。右脑受损的人，虽然说话很有条理，遵循语法规则，也使用标准词汇，但正如英国心理学家克里斯·麦克马纳斯（Chris McManus）在其获奖著作《右手，左手》（*Right Hand and Left Hand*）中所说：

　　　　他们的语言是不正常的，缺乏节奏和韵律。而正是因为有了节奏和韵律，语调才会有起有伏，语速才会有快有慢，声音才会有高有低，这样的语言才会有感情、有重点。没有韵律的语言，就像是人们从电话里听到的电脑合成音一样。

　　简单而言，左脑控制说什么，而右脑控制如何说。比如，非语言类表达通常通过眼神、面部表情和语调来传达某种情感。

　　然而，左右脑的差异不只是语言和非语言之间的不同。字面和语境差异最初是由罗伯特·奥恩斯坦提出来的，现在已被广泛应用于其他领域。比如，有些书面语在很大程度上取决于语境。像阿拉伯语和希伯来语通常只用辅音来书写，因此读者要联系上下文，根据语义语境来判断元音是什么。在这类语言中，像"stmp n th bg"这样的词汇，可以根据这个短语是出现在防虫手册上（stomp on the bug）还是一个去邮局的小故事中（stamp in the bag）来加入不同的元音。和英语不同的是，需要通过观察语境来加入元音的语言通常按照从右向左的顺序来书写。之前我们已经了解到，眼睛从右向左移动要依靠右脑来完成。

语境对于语言理解的其他方面也很重要。比如，多项研究均显示，右脑具有比喻理解能力。如果你告诉我约瑟有一颗"像蒙大拿州那么大的心"，我的左脑会迅速分析约瑟是谁，心是什么，蒙大拿州有多大。但是，如果这句话的字面意思讲不通（一个38万平方公里的心脏是如何装入约瑟小小的胸腔内的），就需要右脑来解决。右脑会这样向左脑解释：约瑟的心脏并没有出现异常，这里是说他是一个慷慨、有爱心的人。正如奥恩斯坦所说："没有另一半的协助，大脑的任一半球都不能正常运转，并且生活这个大篇章也需要有情境。"

4. 左脑分析细节，右脑综观全局。

1951年，以赛亚·柏林（Isaiah Berlin）曾写过一篇关于《战争与和平》的文章，其标题空洞无物："列夫·托尔斯泰的历史怀疑论。"柏林的出版商十分喜欢这篇文章，却不喜欢那个标题，所以他把标题改为更加朗朗上口的"刺猬与狐狸"。该标题源于一则古希腊谚语："狐狸知道很多事情，而刺猬只知道一件大事。"之后，这篇文章使柏林名声大震。这一概念为解释左右脑的第四个差别提供了一个有效方法，即左脑是狐狸，右脑是刺猬。

一本神经科学启蒙书中写道："总的来说，左脑负责信息分析，右脑负责信息合成，尤其擅长将孤立的元素组合成一个整体。"分析与合成是信息处理最基本的两种方式，可以把整体分解成各个要素，也可以把各个要素整合成一个整体，两者都是十分重要的推理方式，但分别由大脑的不同区域来控制。1968 年，罗杰·斯佩里在与杰尔·利维·阿格雷斯蒂（Jerre Levy-Agresti）合写的一篇文章里提到了这一关键性差别：

> 数据显示，无语言功能的、次要的右脑擅长完形感知（Gestalt Perception），主要对外界输入的信息进行合成。有语言功能的、主要的左脑则与此恰好相反，其运作方式与计算机十分相似，注重逻辑和分析。次要的右脑可以对信息进行快速、复杂的合成，而左脑的语言能力却做不到。

左脑注重单一答案，而右脑注重完形感知；左脑注重类别，而右脑注重关系；左脑捕捉细节，而右脑综观全局。所有这一切又都回到了大脑扫描上。

名词解释

完形感知： 人们对事物的各种不同属性及其相互关系在大脑中的整体反映。

大脑的国土安全部

> 大脑的左右半球是协同合作的，正如一个管弦乐队，任意一方缺席，都会使演奏十分糟糕。

在大脑底部有两个杏仁状的结构，它们是大脑的"国土安全部"，称为杏仁核。杏仁核在情感分析，尤其是恐惧分析方面发挥着至关重要的作用。它们一个位于大脑左半球，一个位于右半球，其功能是警

惕我们身边的威胁。这就难怪，当我在功能磁共振成像仪里看到那些焦虑的人和紧张的场面时，大脑杏仁核会发出警报。但究竟是左脑的还是右脑的杏仁核发出的警报，在很大程度上取决于我所看到的图像。

大脑扫描结果显示，当我看到的是面部表情图像时，两个杏仁核都会活跃起来，只是右侧的更活跃一些；而当看到的是场景时，左侧的更为活跃。这一结果与我们对大脑左右半球的认识是一致的。

为什么左脑对场景的反应要大于对面部表情的反应呢？因为对场景的判断取决于连续的顺序推理能力，而这正是左脑所擅长的。请回顾一下图1-3，它所揭示的逻辑关系是：有一支枪，枪是危险物，而他正用一支枪指着我。这个场面太恐怖了！因此，左脑的杏仁核迅速发出了警报。相反，当我看到的是面部表情时，左脑的杏仁核要相对安静些，当然也并不是完全无反应。而据大量研究表明，右脑则既擅长识别面孔又擅长解读表情。这些技巧所依赖的不是顺序推理也不是分析推理，我们不是依次观察眼睛、鼻子、牙齿，而是同时解读整个面部的各个部位，然后综合细节得出更深刻的结论。

此外，导致这一不同反应的还有其他原因。我们早就知道，一个持枪的人是一大威胁。据神经科学家艾哈迈德·哈里里（Ahmad Hariri）[1]所说，对这类图像的反应"很可能是通过经验和社会交往习得的，即便不是取决于左脑，也可能是左脑作出的反应"。如果把这张图片给一个

---

[1] 他曾主持美国国民健康保险项目（NHI），这一项目我也曾参与其中。

从未见过枪，也不知道枪支是危险物的人来看，那么他的反应很可能是困惑而不是恐惧。可是，如果我把图 1-1 给一个从未见过高加索女性或从未见过外村人的人来看，他仍可能辨认出那个表情。

发明这一面部表情编码系统（Facial Action Coding System）的是加州大学的保罗·埃克曼（Paul Ekman）教授，在第 7 章我们还会提到他。他用 35 年的时间作了一项研究，测试各种不同的面部表情，被试范围广泛，既有大学生，也有来自新几内亚偏远部落的人。事实上，上述事实正是他在该研究中的发现："即便有着不同的文化背景，大多数人也都是用相同的表情表达相同的情感。"

因此，我的大脑不只外形普通，功能也很普通。两个半脑是同时运作的，但又有各自不同的专长。左脑负责逻辑、排序、字面理解和分析，而右脑负责综合、情绪表达、语境理解和综观全局。

未来，掌握在右脑手中

> 左脑思维是司机，而右脑思维是乘客。现在，右脑思维突然抢走了方向盘，加大油门向前奔驰，并决定我们要去哪里，以及怎样到达目的地。

一个自古流传的笑话说，世界上有两种人，一种是相信一切事物都是相互对立的，另一种则是持相反观点的人。不知为什么，人类似乎很自然地倾向于以对立的方式来看待生活。如东方对西方、火星对金星、理性对感性，以及左对右。但通常情况下，我们不一定要作出取舍；如果非要如此，则会很危险。比如，只有逻辑能力而没有情感，人就会像

A
WHOLE
NEW
MIND

Why
Right-Brainers
Will Rule
the Future

全新思维

斯波克①一样冷漠；而空有情感却缺乏逻辑，人就会十分伤感、无法控制自己的情绪。在这样一个世界里，钟表永远不准，公交车也总是晚点。说到底，阴总是需要阳。

同样，我们的大脑也是如此。它的两个半球是协同合作的，正如一个管弦乐队，任意一方缺席，都会使整个演奏十分糟糕。正如麦克马纳斯所说：

> 无论人们多么想孤立地看待左右大脑，它们都是一个紧密结合的单一整体，在整个大脑中协同合作。左脑知道如何控制逻辑能力，而右脑负责综观全局。把左右脑结合在一起，人们就拥有了强大的思考能力。单独使用任一半脑都会十分怪异而荒谬。

也就是说，健康、快乐、成功的生活同时取决于大脑的两个半球。但大脑左右半球功能的不同，对于个人生活和企业经营也具有指导意义。有些人更擅长逻辑思考和顺序推理，他们可能会成为律师、会计或工程师；有些人则更擅长全面的、直觉性的非线性推理，他们可能会成为发明家、演员或顾问。而且，这些个人倾向还会影响到家庭、机构或社区的组建。

● 我们把第一种思维方式称为左脑思维（L-Directed Thinking）。这种思维方式和生活态度具有典型的左脑特征，即顺序性、表面性、功能性、文本性和分析性。这一思维方式在信息时代大受欢迎，得到了严肃机构及学校的高度重视，其典型代表是电脑程序员。

---

① 美剧《星际旅行》（*Star Trek*）中的人物，他曾接受去除情感训练。——译者注

● 我们把另一种称为右脑思维（R-Directed Thinking）。这种思维方式和生活态度具有典型的右脑特征，即同步性、隐语性、审美性、语境性和综合性。这一思维方式在信息时代并未得到足够重视，被各个机构和学校所忽略，其典型代表是发明家和护理员。

当然，要想过上满意的生活，建立高效、公平的社会，这两种思维方式都是不可或缺的。但我还是有必要强调一下，简约主义和二元思维依然对我们存在巨大影响，尽管有些人对右脑的尊崇已超越科学根据的范畴，但总体而言，人们还是非常偏爱左脑，我们的文化也依然更为重视左脑思维，尽管右脑思维有用，但其作用还是次要的。

> **名词解释**
>
> **二元思维：** 一种非此即彼的思维模式，把所有事情看成"非友即敌""非此即彼""非好即坏"等彼此对立的关系。

然而，情况还在发生变化，也许还会极大地改变我们的生活。以前，左脑思维是司机，而右脑思维是乘客。现在，右脑思维突然抢走了方向盘，加大油门向前奔驰，并决定我们要去哪里，以及怎样到达目的地。左脑能力往往经由学术能力评估测试（SAT）、注册会计师考试等来测评，虽然这一能力仍然必要，但已远远不够。相反，一直以来都被轻视和忽略的右脑能力，即艺术、共情、高瞻远瞩以及追求卓越的能力，将会越来越多地决定谁会飞黄腾达，谁将举步维艰。这是一个颠覆性的改变，但这一改变会从根本上给人以启迪。接下来，我们将探讨为什么会发生这一改变。

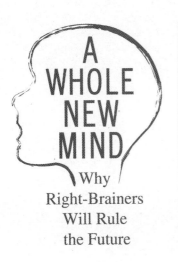

A
WHOLE
NEW
MIND
Why
Right-Brainers
Will Rule
the Future

02 右脑思维的3大推动力

左脑思维让生活更加美好，但未必让我们更加快乐。"软件已成为头脑的铲车"，只有具备电脑无法企及的能力，才能在未来占据领先地位。

请跟我一起回到激动人心的 20 世纪 70 年代，这也正是我的童年时期。那时，美国的中产阶级父母通常都会教导自己的孩子：得高分、上大学、谋一个好职业，这样才会过上体面的生活，或许还会树立些许威望。如果你擅长数学和理科，就应当做医生；如果你擅长英语和历史，就要做律师；可是如果你晕血，抑或是语言技能需要精进，那你还是去做会计吧。不久之后，计算机出现在了书桌上，CEO 出现在了杂志封面上，真正擅长数学和工科的年轻人选择了高科技行业，而其他很多人则蜂拥进入商学院，他们认为 MBA 就是"成功"的代名词。

律师、医生、会计、工程师，还有管理者，伟大的管理学大师彼得·德鲁克给这些职业精英起了一个意味深长的名字——"知识工作者"，当然，从某程度上说，这个名字也不见得站得住脚。德鲁克写道：知识工作者是"把所学知识应用于实践而取得报酬的人，而非出卖体力或手工劳动的人"。把这类人同其他劳动力区别开来的，是他们的"学习能力，以及将理论和分析性的知识应用于实践的能力"。换言之，他们擅长的是左脑思维。德鲁克说，也许这类人在人数上永远都不会形成规模，但是他们"将重塑新兴知识社会的特征、领导力水平和社会风貌"。

A
WHOLE
NEW
MIND

Why
Right-Brainers
Will Rule
the Future

全新思维

德鲁克的观点向来准确。知识工作者及其思维方式，的确塑造了当今时代的特征、领导力水平和社会风貌。试想一下美国任何一个中产阶级人士在寻求知识工作的道路上所路过的收费亭吧！比如，SAT 和 SAT 预考（PSAT）、经企管理研究生入学考试（GMAT）、法学院入学考试（LSAT）以及医学院入学考试（MCAT）。注意到这些缩写的最后两个字母了吗？这些测试本质上都是用来评定左脑思维的。这些测试都需要逻辑和分析能力，那些像计算机一样给出唯一正确答案的考生会取得较好的成绩。这些测试需要线性思考和顺序推理能力，且有时间限制。一个问题给出一个正确答案，然后依次进入下一题，直到测试结束。它们是进入中产阶级精英社会的一道道门槛。由此也就造就了一个 SAT 体制，在这个体制下，美好的生活取决于快速的逻辑性顺序推理能力。其实，这一现象不仅仅存在于美国。从英国的入学考试到日本的补习班，大多数发达国家都投入了大量时间和金钱来培养左脑型知识工作者。

此类测试取得的成功给了人们很大的鼓舞。它打破了贵族特权的束缚，使各个不同阶层的人都可以得到接受教育和找到一份好工作的机会，有利于世界经济的发展和人民生活水平的提高。然而，SAT 体制目前正在消失。左脑思维虽然重要，但已不能满足当下。现在，我们正迈向一个新时代，在这个时代，右脑思维将决定谁处于领先地位。

对有些人而言，这是一个好消息。但对另一些人而言，这就如同谬论。本章主要是为后一类读者，即听父母的话，在各项测试中都力争高分的人而写的。为了让你相信我的观点是正确的，请让我用左脑式的因果型推理来解释时代变化的原因。

- 原因：物质财富的极大充裕、亚洲的崛起和自动化。
- 结果：左脑思维的重要性日渐减弱，右脑思维的重要性日益增强。

全球物质财富的极大充裕

> 物质让生活更加美好，却未必让我们更加快乐。当代文化最显著的特征，是对完美的无限追求。

20世纪70年代还有一个令人印象深刻的场景：每年8月开学之前，母亲都会带着我和弟弟、妹妹去买衣服。这样，我们就要去逛伊斯特兰大商场（Eastland Mall），那是俄亥俄州三大购物中心之一。这里有连锁百货商店西尔斯（Sears）或杰西潘尼（JCPenny），或者像拉扎勒斯（Lazarus）这样的本地商店，店里的童装区摆满了衣服，供人们自由挑选。还有其他一些商店，整齐地排列在各大百货商店之间，大概有30来个，规模相对小一些，选择也较少。和当时的大部分美国人一样，我们把伊斯特兰大商场和其他控温型封闭式购物中心视为现代社会物质财富的顶峰。

可现在，我的孩子却不觉得这有什么大惊小怪的。我住在华盛顿，开车回家需要20分钟，在这20分钟的路程上大约有40个形色各异的大型购物商场，其规模、选择性和经营范围都是30年前所不能比的，比如坐落在弗吉尼亚北部第一大道的波托马克购物区（Potomac Yards）。8月一个星期六的早上，我和妻子还有三个孩子开车去那里购物，为孩

A
WHOLE
NEW
MIND

Why
Right-Brainers
Will Rule
the Future

全新思维

子们返校做准备。我们从最边上的大商店开始逛。在女装区，有莫辛莫（Mossimo）名牌上衣和毛衣、梅伦娜（Merona）夹克、艾萨克·麦兹拉西（Issaac Mizrahi）夹克衫和莉斯·兰格（Liz Lange）名牌孕妇装。童装区的商品也琳琅满目，衣服既时髦又漂亮。意大利名牌莫辛莫在这里占了整整一排，还有适合我两个女儿穿的天鹅绒裤子和夹克。现在，可供选择的衣物比 20 世纪 70 年代更加漂亮、更加吸引人，也更加丰富了。

在我小时候，衣服的款式都很单一，但当我把现在的时髦童装与当时的进行对比时，却发现了一个更值得注意的问题：现在的衣服价格更便宜。因为我们没有进精品店，衣服都是在塔吉特买的。那套天鹅绒莫辛莫套装的价格是多少？ 14.99 美元。那些名牌女装上衣的价格是多少？9.99 美元。我妻子新买的艾萨克·麦兹拉西小山羊皮夹克的价格是多少？49 美元。再穿过几个通道便是家具区，这些家具由设计师托德·奥尔德曼（Todd Oldham）设计，价格也比我父母在西尔斯买的要便宜。整个商场有大量款式别致、物美价廉的商品。

塔吉特也只是波托马克购物区众多商店中的一家，这些商店很能迎合中产阶级客户的需求。接下来我们会去隔壁的史泰博（Staples），其占地面积近 2 000 平方米，销售 7 500 多种学习用品和办公用品。在美国和欧洲，有 1 500 多家这样的史泰博商店。史泰博旁边是一个同样规模宏大的宠物超市 PetSmart，它在美国和加拿大有 600 多家连锁店，每家超市平均每天的销售额达 15 000 美元。这家店甚至还有自己的宠物美容工作室。宠物超市隔壁是百思买（Best Buy）连锁商店，这是一家电子商场，商场内有一层是零售区，该区比我们住的整个街区还要大。

其中有一个区域专门销售家庭影院设备，展示着各种型号和款式的等离子高清平板彩电，从42英寸到47英寸、50英寸、54英寸、56英寸，再到65英寸，应有尽有。据我估算，在电话区仅无线电话就有39种。然而，这4个商店还仅仅是整个购物区的1/3。

然而，波托马克的不同凡响之处正是它的平凡。在美国，类似的购物区随处可见，在欧洲和亚洲部分地区也日益增多。这些购物中心是一个个鲜活的例子，生动地说明了现代生活所发生的巨大改变。过去，我们的生活更多地被定义为"物资短缺"。而在今天，世界上大多经济、社会和文化生活的定义性特征是"富足"。

左脑使我们富裕起来。受众多德鲁克所称的"知识工作者"的推动，信息经济提高了许多发达国家的生活水平，这是我们的曾祖父母所无法想象的。

- 在20世纪大部分时间里，大多数美国中产阶级的梦想是拥有自己的房子和车子。现在，2/3以上的美国人都有了自己的居所。事实上，大约有13%的房子都是第二套住房。对于汽车，现在美国汽车的数量比拥有驾照的人数还多，平均来看，每个有驾照的人都有自己的车。
- 自助仓储是一项为人们提供场所以存储额外物品的业务。在美国，该行业的年营业额已达170亿美元，超过影视业。而且，该行业的发展速度在其他国家更快。
- 当大量物品无处储存时，我们就会扔掉。商业作家波利·拉巴尔（Polly LaBarre）指出："美国在垃圾袋上的花费比其他90个国家的所有花费还要高。也就是说，美国垃圾袋的花费比世界上近半数国家的商品消费总额还要高。"

但是物质财富的充裕也带来了一个充满讽刺意味的后果：左脑思维在取得重大胜利的同时也削弱了自身的重要性。左脑思维带来了繁荣，也使人们更加重视非理性的右脑感知，如美观、精神性和情感。对各个企业而言，只生产价格合理、功能齐全的产品已远远不够，还要求产品外表美观、款式独特、意义深远，同时还要符合作家弗吉尼亚·帕斯楚（Virginia Postrel）所谓的"审美需要"。正如我们一家到塔吉特的购物经历所揭示的，也许最能生动体现这一变化的是中产阶级对设计的痴迷。现在，世界著名设计师，如先前提到的那些以及设计巨星凯瑞姆·瑞席（Karim Rashid）和菲利普·斯塔克（Philippe Starck），正致力于为典型的面向中产阶级的商店设计各种商品。塔吉特及其他零售商售出的由瑞席设计的废纸篓已达 300 万个。这可是名牌废纸篓啊！请尝试向左脑解释这一现象吧。

那么，我在塔吉特买的这个物品（见图 2-1），又说明了什么呢？

图2-1　马桶刷

这是一个由迈克尔·格雷夫斯（Michael Graves）设计的马桶刷。格雷夫斯是普林斯顿大学的建筑学教授，也是世界上最著名的建筑师和产品设计师之一。该马桶刷的价格是 5.99 美元。只有在物质财富充裕的条件下，人们才能拥有这么美观的废纸篓和马桶刷，从而把实用却单调的产品变成人们想要的样子。

在物质财富充裕的时代，理性、逻辑和实用需求已远远不足以满足人们的需要。**设计师必须探寻满足人们需求的各种方式。如果设计出来的东西不能吸引眼球或不能引起我们的注意，就不会有人买。**当今，拥有设计感、共情力、娱乐感和其他看似比较"柔和"的能力，是保证个人和公司在激烈的竞争中脱颖而出的撒手锏。

物质财富的充裕还从另一方面极大地提升了右脑思维的重要性。我的临终遗言不可能是："我这一生犯过很多错误，但令人欣慰的是，至少在 2004 年我曾用过迈克尔·格雷夫斯设计的马桶刷。"物质让生活更加美好，却未必让我们更加快乐。社会繁荣的矛盾之处在于，生活水平在提高，但是人们对个人、家庭和生活的满意度却没有相应增加。正如哥伦比亚大学教授安德鲁·德尔班科（Andrew Delbanco）所说："当代文化最显著的特征，是对完美的无限追求。"

在发达国家，无论你来到哪一个繁荣的社区，体验到购物的便捷和物品的丰富，都会注意到人们对完美的追求。有些曾经十分怪异的运动，如瑜伽，现在已被普遍接受，还有工作场所对精神追求的日益重视以及书籍和电影中的福音主题，这一切都表明对目标和人生意义的追求

A
WHOLE
NEW
MIND

Why
Right-Brainers
Will Rule
the Future

全新思维

已成为生命中不可或缺的一部分。人们不再只是关注日常生活琐事，现在他们的视野更加广阔。当然，即便在发达国家，也并不是每个人都能拥有充裕的物质财富，就更不必说发展中国家的广大民众了。"但是物质财富的丰富的确解放了亿万人群，使之不必再为生计而奔波，对自我实现的追求不再只是一小部分人的权利，而是变得越来越普遍。"诺贝尔经济学奖获得者罗伯特·威廉·福格尔（Robert William Fogel）如是说。

要是你还有所怀疑，再来看看最后一组极富启发性的数据。一个世纪以前，电灯还十分罕见，但现在已相当普遍。灯泡很便宜，电也无处不在。可是蜡烛呢？谁需要蜡烛？显然，很多人都需要蜡烛。在美国，蜡烛企业的年销售额达 24 亿美元，因为除了对照明的实用需求之外，发达国家对美丽和完美有着更为根本的渴望。

亚洲的崛起

> 任何英语国家的工作都可以在印度完成，唯一的限制就是你的想象力。

在为本书的写作搜集资料时，我遇到了图 2-2 中的 4 个人。

他们正是知识工作者的典型代表。同很多来自中产阶级家庭的聪慧孩子一样，他们也是严格遵循父母的意见，在高中成绩优异，念一所好的大学，学的是工程学或计算机科学，现在在一家大型软件公司工作，负责给北美的银行和航空公司编写计算机代码，但是他们 4 人的年薪都没有超过 15 000 美元。

图2-2　来自印度的4位知识工作者

欧洲和北美的知识工作者们，他们就是你们的新对手：来自印度孟买的史利维迪亚、拉利特、卡维塔和卡马尔。

近年来，带来最多争论或引起最大恐慌的莫过于外包业务。这4个计算机程序员以及来自印度、菲律宾和中国的其他计算机程序员，吓坏了北美和欧洲的软件工程师和其他青睐左脑的专业人员，引发了他们的抵制和抗议，并带来了大量政治问题。他们所从事的电脑编程工作虽不是跨国公司所需要的最尖端的技术，但在不久前还是一项除了美国之外其他国家几乎都无法胜任的工作。所以，从事相关工作的白领年薪高达70 000美元。但是现在，一个25岁的印度年轻人就可以完成同样的任务，或许还做得更好，而且速度也一样快，甚至更快，但是他的薪水却只相当于塔克钟（Taco Bell）快餐店收银员的收入。虽然以西方的标准来衡量，他们的薪水微不足道，但这大致相当于普通印度人收入的25倍，这份工资能让他们过上上层中产阶级式的生活，可以享受假期并拥有自己的公寓。

我在孟买遇到的这 4 个程序员，只不过是全球外包浪潮里受过良好教育的人员的缩影而已。每一年，印度各大院校的工科毕业生达350 000 人，这也是超过半数的《财富》500 强公司将软件业务外包给印度的原因之一。

- 通用电气公司的软件有 48% 是在印度开发的。该公司在印度的员工多达 24 000 人，这里的办公室甚至张贴了这样的告示："非请莫入，违者雇用之。"
- 惠普公司的印度软件工程师有几千人；西门子公司的计算机程序员有 3 000 人，还要再增加 15 000 人；甲骨文公司的印度员工多达 5 000 名；印度大型 IT 咨询公司威普罗（Wipro）雇用了大约 17 000 名设计师，主要为家得宝、诺基亚和索尼提供设计服务。

事实上，还不止这些。通用电气印度分公司 CEO 在接受伦敦《金融时报》采访时说："美国、英国、澳大利亚等任何英语国家的工作都可以在印度完成，唯一的限制就是你的想象力。"事实上，外包业务已经使印度的职业不仅局限于程序员的范围。像雷曼兄弟、贝尔斯登、摩根士丹利和摩根大通等金融服务公司，已把数字运算和财务分析业务承包给了印度的 MBA；路透社也已将初级编辑工作转移到海外。在印度，你看到的将会是制作美国纳税申报表的特许会计师、研究美国诉讼的律师以及研究美国医院 CAT 扫描结果的放射科医师。

但是，这种情况不仅仅发生在印度。各种注重左脑思维的白领工作都在向世界其他地方扩展。摩托罗拉、北电网络（Nortel）和英特尔都在俄罗斯设立了软件开发中心，而波音公司大量的航空航天工程也是在俄罗斯完成的；大型计算机公司电子数据系统（Electronic Data System）的软件开发人员遍布埃及、巴西和波兰；同时，匈牙利建筑师正在为加利福尼亚设计公司制订初步方案；菲律宾会计员正在为欧洲著名管理咨询公司凯捷安永①做审计；荷兰的菲利普公司在中国雇用了大约 700 名设计师。现在，中国每年的工科毕业生人数已基本与美国相当。

外包的很大一部分原因在于薪酬。美国普通芯片设计师的月薪大约是 7 000 美元，而印度只有 1 000 美元；美国普通航空航天工程师的月薪大约是 6 000 美元，而俄罗斯的还不到 650 美元；美国会计师的月薪可达 5 000 美元，而菲律宾会计师只有 300 美元，但这个数目在菲律宾已经不小了，因为这里的人均年收入也只有 500 美元。

对外包知识工作者来说，概念时代是一个美梦。但对欧洲和北美的白领和左脑工作者来说，这更像是一场噩梦。

● 未来两年，美国 IT 行业 1/10 的工作将被外包。到 2010 年，这一比例将达 1/4。
● 据弗雷斯特研究公司（Forrester Research）调查，到 2015 年，"至少有 330 万个白领工作和 1 360 亿的薪酬将从美国转移到印度、中国和俄罗斯等低成本国家"。
● 日本、德国和英国等国家也将面临类似的工作损失。未来几年，仅英国就将损失大约 25 000 个 IT 工作岗位和 30 000 个金融类岗位，这些岗位职责将被外包给印度及其他发展中国家。到 2015 年，欧洲将有 120 万份工作转移到海外。

---

① 2000 年 5 月凯捷并购美国安永咨询部分业务，4 年后，凯捷正式宣布摘帽，告别"安永"的过渡性名称，现为世界三大管理咨询公司之一。——译者注

但人们对于这一问题有些过于担忧了，并不是所有人在将来都会失业。从眼前来看，人们对外包业务有点言过其实；但从长远来看，却是低估了它。全球通信成本几近于零，而发展中国家所培养的知识工作者也具备高超的技能，因此北美人、欧洲人和日本人的工作生活将会发生巨大改变。

如果注重左脑的常规标准工作可以外包且成本要低得多，又可以通过网络即时发送给客户，那么这些工作就会朝这样的方向发展，比如各种财务分析、放射医疗和计算机编程工作。虽然很多人会不适应这一巨变，但在本质上同我们之前所经历的巨变没有什么差别。

这正是大规模制造业所发生的改变，到 20 世纪下半叶，这些工作跨越大洋来到了海外。就像工厂工人不得不掌握一套新的技能、学习如何弯曲像素而不是钢材一样，当今很多知识工作者也不得不掌握一套新的技能。他们要完成那些低成本的外包人员无法完成的工作，即发挥右脑能力构建关系而不是处理事务，应对新挑战而不是解决常规问题，综观全局而不是分析单一要素。

自动化盛行

> "软件是头脑的铲车。"它不会清除每一个左脑工作，但会把很多左脑工作都淘汰掉。

让我们再来认识两个人。一个是可能真实存在的偶像人物，另一个则确有其人，或许令他遗憾的是，他也可能会成为偶像人物。

第一个是镌刻在美国邮票上的人——约翰·亨利（John Henry）（见图2-3）。

图2-3　邮票上的约翰·亨利

大部分美国学生都知道，约翰·亨利曾是钢钻工人。邮票上的他手持铁锤，是一个力大无穷、品行高尚的人。遗憾的是，没有人能确定他是否真实存在。很多历史学家认为，他以前是一名奴隶，内战结束后成为一名铁路修建工人。但是目前仍然没有人可以证实他是否真实存在过。他所做的工作是开凿山洞，清理隧道，为铺设铁路作准备。但约翰·亨利不寻常的地方在于，他比其他任何人都钻得快，力气也比他们大。很快，他那非凡的技艺就让他成为一名传奇人物。

全新思维案例

故事是这样的，一天，一个推销员来到工人们的营地，他带来了一台新式蒸汽钻孔机，并扬言这个钻孔机可以打败世界上最强壮的人。约翰·亨利对这个只凭齿轮和润滑油就可以与人的力量相提并论的机器嗤之以鼻。于是，他提出要进行一场人机竞赛，以验证哪一个能更快地凿通隧道。

第二天下午，比赛开始，蒸汽钻孔机在山的右边，约翰·亨利在左边。开始时，机器稍稍领先，但约翰·亨利很快振作起来、奋起直追。两个人各自从一边开凿着自己的隧道，大块大块的岩石滚落下来。不久，约翰·亨利就赶上了对手。在比赛结束前的那一刻，约翰·亨利奋力超越蒸汽钻孔机，率先凿穿。这时，他的工友们欢呼起来。但是，过多的体力消耗使得约翰·亨利筋疲力尽，瘫倒在地上，死去了。然而，这个故事却传播开来。在很多民谣和书中，约翰·亨利的逝世成为工业时代的一则寓言：现在，机器可以比人类做得更好，但却牺牲了人类的尊严。

现在来看看第二个人（见图2-4）：

© Mario Tanna, Getty Images

图2-4　加里·卡斯帕罗夫

加里·卡斯帕罗夫（Garry Kasparov）是一位国际象棋大师，是同时代人中最优秀的棋手，或许也是有史以来最伟大的棋手。他还是我们这个新时代的约翰·亨利，但看似拥有超凡能力的他却被一台机器击败了。

1985 年，卡斯帕罗夫首次赢得国际象棋比赛世界冠军。就在这一年，几个研究小组开始研发会下象棋的电脑程序。接下来的 10 年，卡斯帕罗夫从未输过任何一场比赛。1996 年，他打败了当时世界上最强大的国际象棋电脑。

但在 1997 年，卡斯帕罗夫同一台更加强大的机器——"深蓝"（Deep Blue）对战了 6 个回合。"深蓝"是 IBM 研发的超级电脑，重达 1.4 吨，有人把这一竞赛戏称为"大脑的最后一战"。让很多人感到惊讶的是，"深蓝"打败了卡斯帕罗夫。《象棋揭秘》杂志（*Inside Chess*）的封面将这一结果简化为三个大字："大决战！"为了一雪前耻，卡斯帕罗夫又同另一台电脑"小深蓝"展开了一场对决，"小深蓝"由以色列研制，其运算能力更加强大，曾三次获得国际计算机象棋冠军。

从很多方面而言，国际象棋是一项典型的左脑活动。它几乎不留任何情感空间，在很大程度上都取决于记忆、理性思考和机械运算，而这也正是电脑所擅长的。卡斯帕罗夫说，面对棋盘，他每秒钟能计算出 1 ～ 3 步棋。但"小深蓝"更令人惊叹，它每秒钟能够分析 200 万～ 300 万步棋。但是，卡斯帕罗夫相信，人类可以凭借其他优势与"小深蓝"抗衡。

全新思维案例

2003年的超级碗星期天[1]，卡斯帕罗夫阔步走进豪华的纽约下城体育俱乐部，开始了人与机器之间又一场激烈的竞赛。该比赛有6局，获胜者将得到100万美元的奖金。数千名国际象棋迷到场观看这场比赛，还有数百万人在网络上实时关注。第一局卡斯帕罗夫获胜，第二局双方打成平手。第三局，他开始发挥威力，但就在快要胜出的时候，他中了"小深蓝"的一个圈套，输了这一局。第四局时，卡斯帕罗夫显得有些吃力，勉强打成平手，当时他仍然对第三局的失败耿耿于怀，后来他承认自己因此而"无法入睡，甚至丧失了信心"。第五局又打成了平手，这样，比赛的胜负就取决于第六局——决胜局了。

在这一局，卡斯帕罗夫很快就占了上风。《新闻周刊》后来报道称："每次和人对战的时候，他都极具攻击性，力争获胜。但是这次和他对弈的不是人类。"当他犹豫不决时，犯了一个小错误，也正是这个错误让他失去了先前的优势。

"卡斯帕罗夫感到极为震惊和难过，而这种情绪是一台没有感情的机器所无法体会的。雪上加霜的是，现在他已经没有了之前的优势，与人对弈时他可以趁对手犯错挽回局面，但这个拥有良好程序的机器对手是绝对不可能犯错的。想到这一点，甚至连伟大的卡斯帕罗夫都丧失了斗志，并且在接下来的比赛中一直为之困扰。"

最后，这一局打成了平局，整个比赛也以平局告终。

人类拥有很多优势，但是当涉及国际象棋和其他取决于逻辑思考、

---

[1] 超级碗（Super Bowl）是美国职业橄榄球大联盟（NFL）的年度冠军赛，一般在每年1月最后一个或2月第一个星期天举行，那天被称为超级碗星期天。——编者注

运算和顺序思维的活动时，电脑的速度更快、效果更佳。而且，电脑不会感到疲惫，不会头疼，不会被压力压到窒息，不会因为损失了什么就闷闷不乐，不会担心观众是怎么想的，也不会关心媒体会怎样评价。电脑不会犯迷糊，也不会出现任何差错，这令极端自我的大师级人物都自惭形秽。1987年，卡斯帕罗夫，这个少年得志便不可一世的人曾吹嘘："没有哪台电脑可以战胜我。"而今天，卡斯帕罗夫——现代的约翰·亨利说："再过几年，电脑会赢得每一场比赛，而我们哪怕想要赢一局都要付出极大的努力。"

20世纪已经证明，机器可以代替人力。而21世纪，新技术正在向人们证明，它们可以取代人类的左脑。管理大师汤姆·彼得斯说得好，对白领而言，"软件是头脑的铲车"。它不会清除每一个左脑工作，但是它会把很多左脑工作都淘汰掉，并重塑其他剩余的工作。任何常规工作都将面临风险，可能被精简为一套规则或机械性操作。如果月薪500美元的印度特许会计师还没有影响到你轻松的会计工作，那么商务财务软件Turbo-Tax将会做到。

请思考一下三个极其注重左脑思维的职业——计算机程序员、医生和律师。计算机科学家弗诺·文奇（Vernor Vinge）说："过去，即使是一个仅仅拥有常规技能的人也可以成为程序员。但现在行不通了，这些常规功能越来越被机器所取代。"事实上，英国一家叫作应用基因（Appligenics）的小公司研发出了一个能编程的软件。一般人，无论是我遇见的印度人还是薪水较高的美国同行，每天能编写大约400行程序代码，而这套软件不到一秒就可以完成。结果，这一乏味的工作正在消亡，工程师和程序员将不得不掌握其他能力，这些能力所依赖的是创造力而非技能，是隐性知识而非技术规范，是把握全局而非纠缠细节。

同时，自动化也在使医生的工作发生改变。大部分医疗诊断都需要遵循一系列决策树式的判断——是干咳还是有痰咳，T细胞[①]指标是高还是低，然后再对答案进行推敲。电脑可以快速准确地对决策树进行二进制逻辑运算处理，但目前人类却做不到。所以，大量软件和在线程序纷纷涌现。病人只要对着电脑屏幕回答一系列问题后，就可以得出初步鉴定结果，而无须医生参与。

《华尔街日报》报道，注重自身健康的消费者也开始利用电脑软件"评估患恶疾的风险，如心脏衰竭、冠心病以及其他常见的癌症，并在确诊后作出生死抉择，确定医疗方案"。同时，医疗保健电子数据库大量涌现。通常，每年世界上大约有1亿人在线搜索健康医疗信息，访问的医疗网站达23 000个。病人可以自行诊断疾病，在线查看大量信息。

之前，医生几乎是无所不能的，他们负责为人们消除病痛；而现在，这些工具让他们的角色发生了转变，促使他们尽可能去体会患者的感受，其职责变成为患者提供咨询服务。当然，医生的日常工作通常很有挑战性，其复杂程度是软件所不能应对的，因此，对于疑难杂症，我们仍然需要经验丰富的医生来诊断。但是，稍后我也会提到，这些进步也使很多医疗实践的重点发生了改变，关注重心从常规的以信息为基础的分析性工作，转移至更加注重共情、叙事医学（Narrative Medicine）和

①T细胞，淋巴细胞的一种，检测免疫力的一个重要指标。——译者注

全面护理等工作。

法律界也出现了相同的情况，大量廉价的信息和咨询服务正在重塑法律规范。比如，CompleteCase 网站称自己是"首屈一指的在线离婚服务中心"，该网站办理离婚的费用仅 249 美元。同时，网络也打破了信息垄断的局面，而一直以来为众多律师带来高收入，并使律师这一职业保持神秘性的恰恰是信息垄断。律师收取的平均费用是每小时 180 美元，但是很多网站，如 Lawvantage.com 和 USlegalforms.com，都可以提供基本的法律表格和文本，收费仅 14.95 美元。

> 《纽约时报》报道，"客户不再花几千美元聘请律师拟定合同"，现在他们上网搜索合适的格式，然后"把该通用文件拿给律师修改，而每修改一个文件的费用仅几百美元"；因此，法律界"即将发生根本的改变，这一改变将减少人们对传统律师服务的需求，使他们不得不降低费用"。

未来，只有能解决更复杂的问题，能提供某些数据库和软件所无法提供的服务，包括咨询、调解、法庭陈述及其他依赖右脑思维的服务，律师们才能继续自己的职业生涯。

概括来说，有三种力量促使人们越来越关注右脑思维。物质财富的充裕极大地满足了数百万人的物质需求，大大提高了美感和情感的重要性，加速了人们探寻人生意义的步伐。现在，亚洲仍有大量依赖左脑思维的常规白领工作，但其成本要低得多，这迫使发达国家的知识工作者不得不掌握一些不能外包的能力。自动化对上一代蓝领工人产生了重大影响，现在它又以同样的方式影响着当代的白领，这就要求注重左脑思维的职业人士要掌握电脑无法企及的新技能，比电脑做得更快、更好、成本更低。

那么，接下来会发生什么呢？自动化和亚洲的崛起对我们的生活产生了重大影响，物质财富的充裕使我们的生活发生了重大改变，那么，在我们身上会发生什么呢？接下来，我们将对此进行探讨。

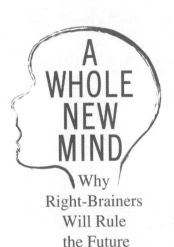

A
WHOLE
NEW
MIND

Why
Right-Brainers
Will Rule
the Future

03 高概念与高感性，知识不再是力量

拥有高智商，不如拥有高情商。高概念和高感性能力，正从生活的边缘走向生活的中心。生活的意义，是一种新的财富。

我们可以把过去的 150 年看作一场三幕剧。

第一幕是工业时代，推动经济发展的是无数的工厂和高效的流水线工作。这一幕的主角是从事大规模生产的工人，基本特征是依靠体力和个人毅力。

第二幕是信息时代，美国和其他国家逐步发展起来。大规模生产退居幕后，信息和知识成为驱动发达国家经济发展的主要力量。这一幕的主角是知识工作者，其特征是擅长左脑思维。

第三幕是概念时代，当今，物质财富的充裕、亚洲的崛起和自动化的影响在不断深化，其影响力越来越大，第三幕正渐渐拉开帷幕。我们把这一幕称为概念时代。这一幕的主角是创造者和共情者，其特征是擅长右脑思维。

我用图 3-1 描述了这一发展，并将整个发展过程扩展开来，把工业时代之前的农业时代也包括在内。横轴表示时间，纵轴表示充裕的物质财富、技术进步和全球化（缩写为 ATG）。随着人们越来越富有，这三种力量也逐渐汇聚，最终将我们推向一个新时代。这就是我们如何随着

A
WHOLE
NEW
MIND

Why
Right-Brainers
Will Rule
the Future

全新思维

时间的推移，一步步从农业时代走向工业时代，进而走向信息时代的。这一模式的最新阶段是当今从信息时代向概念时代的过渡，而推动力量依然是充裕的物质财富（这是西方生活的典型特征）、技术进步（某些白领工作的自动化）和全球化（某些知识工作转移到了亚洲）。

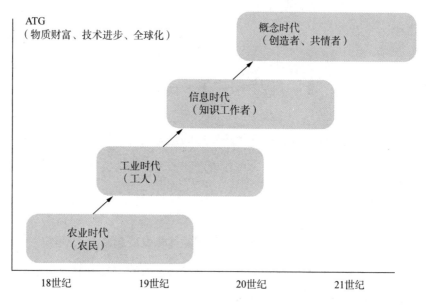

图3-1 从农业时代到概念时代

右脑思维，成功的关键

> 未来，开宝马的将是坐拥百万的陶工，而程序员却只能在快餐店擦柜台。

简而言之，我们从农民社会发展到工人社会，又从工人社会发展到知识工作者社会。现在，我们又在向另一个社会迈进，这个社会的标志是创造者和共情者，以及能够识别概念模式和创造意义的人。

图 3-2 生动地刻画了这一发展，也更好地展现了右脑的发展。

图3-2 社会的进步

人人都说一画道千语，那么一个比喻则堪比千张图画。经济从以人类的体力劳动为基础发展到以人类左脑为基础，现在正逐步迈向一个新时代：在这个时代，经济和社会的发展将越来越取决于人类的右脑。

在经济和社会发展取决于工厂和大规模生产的时代，右脑思维几乎无关紧要。后来，随着我们越来越重视知识工作，人们开始认可右脑思维，但还是比较偏爱左脑思维模式，右脑思维依然处于次要地位。现在，右脑思维开始获得同等的社会和经济地位，很多时候甚至跃居首位。21世纪，右脑思维已成为最重要的因素，是获得职业成功和个人满足的关键。

但是需要澄清的是，未来并不是一个二元对立的世界——要么是死气沉沉的左脑工作者，要么是狂热的右脑工作者，而是这样一个世界：在这个世界里，开宝马的将是坐拥百万的陶工，而程序员却只能在福来鸡（全美第二大鸡肉快餐连锁店）擦柜台。未来，左脑思维依然是不可或缺的，只是已不足以满足人们的需要。在概念时代，我们需要的是全新思维。

高概念与高感性，从边缘走到生活的中心

> 通用汽车发生的变化正在美国上演，而美国发生的变化也正在其他国家上演。现在，我们从事的都能归为艺术。

要在这个时代求生存，任何个人和组织都必须弄清楚自己的谋生手段，并要回答下列三个问题：

- 完成同一件工作，外包人员是不是比我的成本低？
- 电脑是不是比我更迅速？
- 在物质财富充裕的时代，我提供的服务到底是不是人们所需要的？

如果前两道题的答案是肯定的，或者第三道题的答案是否定的，那就表明你有麻烦了。当今社会，你完成工作的成本不能高于外包人员，工作效率不能低于强大的电脑，要能满足人们非物质性的超凡欲望，才能在这个时代求得生存。

由此可知，高科技已不能满足当代需求。目前，我们的高科技能力已相当完备，将来还需要高概念和高感性能力。在引言部分我已提到，高概念能力包括：创造艺术美和情感美，辨析各种模式，发现各种机会，创造令人满意的情节，以及将看似无关的观点组合成某种新观点。高感

性能力包括：理解他人，了解人际交往的微妙，找到自己的快乐并感染他人，以及打破常规、探寻生活的目标和意义。

纵观整个世界经济和社会，高概念和高感性正在崛起。但是，最有说服力的证据出现在最不可能的地方。以医学院为例，医学院本是一个精英大本营，里面全都是成绩最好、得分最高以及分析能力最强的精英。但是，当前的美国医学院正在经历最深刻的变革。

全新思维案例

哥伦比亚大学医学院的学生以及其他地方的学生，正在学习"叙事医学"。因为研究表明，电脑诊断虽然十分强大，但是诊断中很重要的一部分是患者对病情的陈述。耶鲁大学医学院的学生正在耶鲁英国艺术中心训练他们的观察能力，因为学过绘画的学生十分擅长发现患者病情的微妙细节。同时，全美有 50 多家医学院将精神学纳入课程当中。加州大学洛杉矶分校医学院成立了一项"医院过夜项目"（Hospital Overnight Program）。大二学生可以假装自己是一名病人，然后在医院过一夜。这一角色扮演的目的是什么呢？学校称："是为了提升学生对病人的理解能力。"费城的杰斐逊医院甚至还采取了一种新策略，通过衡量"共情指数"来提高医生的能力。

现在，我们撇开美国的医学院来看看日本。日本曾十分重视左脑思维，这使它从第二次世界大战的废墟中重生，而现在它也正重新思考国力来源。尽管日本学生的理科成绩在全球遥遥领先，但仍有很多日本人怀疑，一直以来注重理论学术的态度是否已经过时。所以，日本正重新

A
WHOLE
NEW
MIND

Why
Right-Brainers
Will Rule
the Future

全新思维

调整其曾经大肆吹嘘的教育体制，以更好地培养学生的创造力、艺术感和娱乐感。目前，日本最为赢利的出口产品不是汽车也不是电子产品，而是流行文化产品，这一点不足为奇。但是思维融合也给日本青年带来了沉重的学术压力。为了缓解这一压力，日本教育部鼓励学生认真思考生活的意义和使命，鼓励所谓的"心灵教育"。

接下来，再来看看第三个不可能的地方——大型跨国公司通用汽车公司。几年前，通用汽车公司聘请罗伯特·鲁茨（Robert Lutz）来扭转汽车市场疲软的局面。

> 罗伯特·鲁茨不是那种脾气暴躁冲动、附庸风雅的人，而是一个满脸皱纹、头发花白的70多岁老人。他曾担任过美国三大汽车公司的主管，还曾是一名海军士兵，现在，他的言谈举止仍然散发着一种军人的气质。他有自己的私人飞机，认为全球变暖只不过是环保主义者散布的谣言。

当时的通用汽车公司困境重重，鲁茨上任后，《纽约时报》问他所采取的方法有何与众不同之处，当时他是这样回答的："我更重视右脑的作用，我认为，我们就是在从事艺术。这座艺术、娱乐和活动的雕塑碰巧也可以作为交通工具。"

我们暂且不谈他的观点。通用汽车公司是工业时代的典范，也是信息时代的典范，但该公司称其所从事的是艺术。将通用汽车公司带进右脑世界的，不是某个头戴平顶帽的艺人，而是一个70多岁喜欢饮酒的退役海军士兵。借用布法罗·斯普林菲尔德乐队的经典歌词来说就是，变化正在发生，而且越来越明显。高概念和高感性能力正从生活的边缘走向生活的中心。

名词解释

高概念能力包括：创造艺术美和情感美，辨析各种模式，发现各种机会，创造令人满意的情节，以及将看似无关的观点组合成某种新观点的能力。

MFA，新时代的MBA

> 我们需要的不仅是一套规则，而更多的是交际力、创造和直觉。

进入哈佛商学院是一件很容易的事，至少每年未被加州大学洛杉矶分校艺术系录取的几百人是这么认为的。哈佛商学院的录取率大约是10%，而加州大学艺术研究生院的录取率只有3%。这是为什么呢？在当今社会，甚至连通用汽车公司都已进入艺术领域的情况下，艺术硕士（MFA）已成为最热门的文凭之一。公司的招聘专员开始在各大顶级艺术研究生院作宣讲，以招揽人才，如罗德岛设计学院、芝加哥艺术学院、密歇根葛兰布鲁克艺术学院。这种现象已越来越普遍，并给传统MBA的就业带来了冲击。

1993年，麦肯锡管理咨询公司招聘的新员工中有61%都有MBA学位。之后不到10年，该比例就降到了43%，在麦肯锡看来，其他学科同样可以使新员工有良好的表现。

随着越来越多的艺术专业毕业生前来应聘，并逐步占据公司的主要职位，规则已经发生了变化：MFA 变成了新时代的 MBA。

这一现象要归因于第 2 章所阐释的两大力量。随着亚洲的崛起和外包风潮的影响，很多 MBA 都变成了这个时代的蓝领工作者（之前的蓝领工人现在十分有前途），并眼睁睁地看着自己的工作流向海外。我们了解到，众多大型投资银行在印度招聘 MBA 来做财务分析。美国咨询公司科尔尼（Kearney）预计，未来 5 年美国的金融公司将有 50 万个职位转移到低成本地区，如印度。《经济学人》杂志称，MBA 的初级工作"在过去是强加在这些雄心勃勃但经验不足的年轻人身上的，他们要努力很长时间，才能在华尔街或伦敦的金融圈崭露锋芒；现在，借助神奇的光纤电缆，这些工作已经转移到薪水更低的印度 MBA 身上"。同时，当今社会物质财富充裕，市场趋于饱和，各个企业已经意识到，要想打造与众不同的商品和服务，唯一的出路就是产品外形美观，具有吸引力。因此，艺术家的高概念能力，通常比商学院毕业生易于模仿的左脑能力更有价值。

20 世纪中叶，通用汽车公司总裁查理·威尔逊（Charlie Wilson，后来曾担任国防部长）发表了一篇著名评论，他说对通用汽车有利的同样也有利于整个美国。但是，在新世纪，我们要对威尔逊的这一名言略作变通：通用汽车发生的变化正在美国上演，而在美国发生的变化也正在其他很多国家上演。现在，我们从事的都是艺术。

● 在美国，平面设计师的人数在 10 年间增加了 10 倍，远远超过了化学工程师的数量，其比例是 4∶1。
● 自 20 世纪 70 年代以来，在美国以作家为谋生职业的人增加了

30%，以作曲或演奏谋生的人增加了 50%。目前，有 240 所美
国大学开设了创意写作艺术硕士学位，而在 20 年前开设这一
学位的大学还不足 20 所。

现在，更多的美国人从事的是艺术、娱乐和设计工作，而不是律师、
会计或审计员等工作。新时代的一个例子是，加利福尼亚州亚历山大市
一家年轻的平面设计公司——Animators at Law。当今时代，常规法律
研究移向了海外，而基本的法律信息在网上就可以查到，那么律师还能
做什么呢？答案是高概念类工作。在 Animators at Law 公司，他们的员
工是法律专业的毕业生，其任务是准备证据展示及影像资料，以协助高
级辩护律师处理案件。

2002 年，卡内基·梅隆大学的城市规划师理查德·佛罗里达
（Richard Florida）锁定了 3 800 万个美国人，把他们定义为“创意阶层”，
并宣称他们是社会经济发展的关键。虽然佛罗里达对“有创意的人”的
定义过于宽泛，他把会计、保险理算员和税务律师都包括在内，但是该
阶层的发展确实不可小觑。自 20 世纪 80 年代以来，这一阶层的从业人
员已增加了 1 倍，是 100 年前的 10 倍。世界其他地方也出现了向高概
念类工作发展的趋势。

英国分析家约翰·霍金斯（John Howkins）对“有创意的人”的定
义更为贴切，涵盖设计、表演艺术、研发及电子游戏等 15 个行业。据
霍金斯估计，英国创意产业每年产品和服务总产值近 2 000 亿美元，在
15 年内这一产业的全球产值将达 6.1 万亿美元，从而使高概念国家成为
世界上最大的经济体之一。英国的一些机构，如伦敦商学院和约克郡水

A
WHOLE
NEW
MIND

Why
Right-Brainers
Will Rule
the Future

全新思维

务公司成立了艺术家驻留项目；英国联合利华聘请了画家、诗人和漫画创作者来启发员工的灵感；伦敦北部的一家足球俱乐部甚至还有自己的常驻诗人。

然而，从传统意义上而言，在众多日益崛起的大脑能力中，艺术性不是其唯一的要素，也不是最重要的要素。回顾一下信息时代的摇滚明星和电脑程序员，你就会意识到这一点。常规软件工作的外包，使人们开始重视具有高概念能力的软件设计师。随着越来越多的来自印度的程序员逐步接管常规的软件制作、维护、检测和升级工作，在概念时代，软件行业将更为关注产品的创新和独特之处。毕竟，在印度的程序员制作、维护、检测或升级某些软件之前，他们一定要先构思或设计出这种软件，之后再对其进行改进，以满足客户的需求，并将其推入市场。所有这一切所需的不仅是一套规则，而更多的是交际力、创造力和直觉。

> 名词解释
>
> **高感性能力包括：**理解他人，了解人际交往的微妙，找到自己的快乐并感染他人，以及打破常规、探寻生活的目标和意义的能力。

拥有高智商，不如拥有高情商

> 智商可以影响一个人的职业，但在某些领域，左脑思维能力几乎无足轻重。更重要的是高概念和高感性能力。

如果未来的博物馆负责人想展示 20 世纪美国的教育体制，他们有很多文物可以选择，如厚重的教科书、尘土飞扬的黑板以及一体式注塑课桌（桌面上是一层又一层的文字）。但有一件物品尤其值得我们深思。我建议展览的中心一定要放一个闪闪发光的封闭式玻璃柜，在里面陈列一支削好的 2B 铅笔。

如果当时全球供应链出现 2B 铅笔短缺的状况，美国的教育体制可能就瘫痪了。因为从会写字起，孩子们就使用 2B 铅笔参加了无数测试，这些测试自诩可以衡量他们当前的能力以及未来的潜力。

- 在小学，我们测评的是孩子们的智力。随后，测试他们的阅读技能和数学能力，然后将之同该州或该国其他地方，甚至是世界其他地方的孩子进行对比。
- 升入高中后，他们就要着手准备 SAT 测试，因为要想在将来拥有体面的工作和幸福的生活就必须得参加。

SAT 体制有其自身优势，但同样存在缺陷，直到前不久人们才刚刚意识到。心理学大师、《情商》（*Emotional Intelligence*）一书的作者丹尼尔·戈尔曼（Daniel Goleman），对智商在多大程度上影响职业成功进行了大量研究。你觉得这些研究的发现是什么呢？拿出一支 2B 铅笔，试着猜一猜：根据最新研究，智商在影响职业成功的因素中所占的比例是多少？

a. 50% ～ 60%

b. 35% ～ 45%

c. 23% ～ 29%

d. 15% ～ 20%

正确答案是：4% ～ 10%。注意：如果把自己局限在给出的选项中，就是过于倾向左脑思维的表现。据戈尔曼所言，智商可以影响一个人的职业。比如，我的智商就远远不足以使我研究天体物理学。但是在某些领域，左脑思维能力几乎无足轻重，更重要的是高概念和高感性能力，如想象力、快乐感以及灵活的社交能力，而这些能力都是无法量化的。比如，戈尔曼和合益集团研究发现，在各个机构内，最具领导力的管理者往往幽默风趣，他们令员工开怀一笑的次数是其他高管的 3 倍。第 8 章我会谈到，幽默感在很大程度上取决于右脑。但是，你在哪里看到过评估幽默天赋的标准化测试？

事实上，在康涅狄格州纽黑文就有这样一项测试。耶鲁大学心理学教授罗伯特·斯滕博格（Robert Sternberg）正在编制一套全新的 SAT 测试题，他把这一测试称为"彩虹计划"。

我们以往所参加的考试都令人备感压力，但是这项测试听起来却十分有趣。测试时，学生们会拿到 5 张没有文字说明的《纽约客》漫画，他们要做的是为每幅图编写一段幽默的说明文字，同时还要根据给定的题目写出或讲述一个小故事，如"章鱼的运动鞋"。

测试者还会考查学生在现实生活中应对各种挑战的能力，比如去参加聚会却发现自己一个人也不认识，或者如何说服你的朋友帮你搬家具，等等。尽管"彩虹计划"还处于实验阶段，但在预测大学生的在校表现方面，其成效是 SAT 测

试的两倍。而且，白人学生和其他种族的学生在
SAT 测试中表现出的成绩差距，在彩虹测试中也
明显缩小了。

斯滕博格的测试并不是要取代 SAT 测试，而是对该测试的有益补充。事实上，该测试的赞助者之一，正是对 SAT 测试提供赞助的美国大学董事会。现在，SAT 测试也作出了相应的调整，增加了对写作能力的测试。但是"彩虹计划"的存在本身已十分具有启迪意义。斯滕博格曾说："如果 SAT 测试成绩不好，无论你做什么、走到哪里，在通往成功的路上都会受阻。"但是，越来越多的教育学家已经认识到：那些拥有 SAT 无法测试的能力的人，却不会遇到这样的问题。

对高感性能力而言，尤为如此。在概念时代，共情、关怀、鼓舞士气等高感性能力正逐渐成为多种职业素养的关键。关怀性职业的工作岗位正在飞速增加，如咨询、护理以及健康援助。发达国家在把高科技的计算机编程工作外包的同时，也从菲律宾和其他亚洲国家引进了很多护理人员。由于护理人员的短缺，他们的薪金也在不断增长，自 20 世纪 80 年代中期以来，男性护理员的数量已经翻了一番。在第 7 章，我们会对此作更多探讨。

名词解释

　　情商：主要是指人在情绪、情感、意志、挫折、耐受力等方面的品质。总的来讲，人与人之间的情商并无明显的先天差别，更多的是与后天的培养息息相关。这是心理学家们提出的与智力和智商相对应的概念。

生活的意义，一种新的财富

> 在追求财富几十年后，财富已不再那么有诱惑力。对很多人而言，生活的意义，就是一种新的财富。

现在，工作正在朝着高概念和高感性方向发展，概念时代最重要的改变，也许并没有发生在办公室之内，而是源自我们的内心和灵魂。当前，对人生意义和完美的追求，正与喝双倍浓缩拿铁一样，已成为时代主流。

在美国，有 1 000 万人定期参加冥想活动，这个数量是 10 年前的两倍；有 1 500 万人练习瑜伽，是 1999 年的两倍。美国的流行娱乐活动也充斥着精神性的主题，由此，美国著名电视杂志《电视指南》也掀起了一股"超验①电视"的风潮。

美国的婴儿潮一代已开始老龄化，日本和欧洲的老龄化现象也日趋严重，这些都加速了时代转变的步伐。心理学家大卫·沃尔夫（David Wolfe）写道："人们的认知模式逐渐趋于具向化（右脑导向），而不是抽象化（左脑导向），因此人们的现实感更强、情感更丰富、更能感觉到人与人之间的紧密联系。"换句话说，人们年龄越大就会越注重生活质量，即人生的目标、动机和意义。而之前他们忙于成家立业，或许将这些忽略了。

事实上，有两位研究人员指出，拥有共情力、意义感的婴儿潮一代人，已经到达人生新的彼岸。2000 年，保罗·雷（Paul Ray）和谢里·鲁

---

① 超验，意义经验界限之外的。超验艺术，是通过艺术创作得以窥见精神本质，通过创作神秘超验的景象，体验真实生命的光辉和空灵。——译者注

斯·安德森（Sherry Ruth Anderson）认为，美国已经出现了一个亚文化圈，大约有 5 000 万人，他们称其为"文化创意人"。他们称，该群体约占美国成年人口比例的 1/4，与法国的总人口数相当。他们所具备的特征，与右脑导向式的生活态度存在很多一致性。文化创意人"坚决主张综观全局，他们擅长综合分析，认可女性的认知方式，认为她们能够理解并同情他人，容易接纳别人的观点，将个人经历及见闻作为重要的学习途径，并信奉关怀伦理"。

　　婴儿潮一代人正在向概念时代迈进，同时，他们也不得不正视年龄这个事实。他们意识到，自己已经度过了人生的大半时光，这也让他们能够集中精力思考问题。在追求财富几十年后，财富已不再那么有诱惑力。对于他们以及这个新时代的其他很多人而言，意义就是一种新的财富。

名词解释

　　关怀伦理： 其基本原则是，所做的一切都是为了建立、保持或提高关怀关系。它以理解为知识前提，以仁爱为情感基础，以责任为意志力量，以奉献为行为特征。

　　对你我来说，这一切都意味着什么呢？我们又该为概念时代的到来做好哪些准备呢？从某个层面上讲，答案十分简单。在这个深受亚洲外包风潮影响、物质财富充裕且高度自动化的世界里，左脑思维依然必要，但已不足以应对当代所需，我们必须开发右脑思维，培养高概念和高感性能力，从事外包人员不能以低成本完成的、电脑不能快速实现的，或者能够满足新时代审美、情感及精神需求的工作。然而从另一层面上讲，这个答案并不充分。那么，我们究竟该做些什么呢？

过去几年我一直致力于这个问题的研究。在本书中，我将答案归纳为全新思维时代的 6 大必备能力，即 6 大高概念、高感性能力——设计感、故事力、交响力、共情力、娱乐感和意义感，这些能力已经成为新时代不可或缺的一部分。接下来，我们将详细探讨如何理解和掌握这 6 大能力。

A WHOLE NEW MIND

第二部分

全新思维的6大能力

Why
Right-Brainers
Will Rule
the Future

在概念时代，我们还要掌握 6 大右脑能力，以与左脑能力相辅相成，开拓新时代的全新思维。

1. 不仅要实用，还要有设计感。产品、服务、体验或生活方式仅仅有实用价值是远远不够的，只有那些外表美观、新颖独特，又有情感内涵的产品，才能在带来经济效益的同时满足个人成就感。

2. 不仅要讲论据，还要有故事力。当今社会充斥着大量庞杂的信息和数据，仅仅搜集整理出一个有力的论据是远远不够的，将来必然有人会驳斥你的观点。尝试说服、与人交流和自我理解有助于培养引人入胜的叙事能力。

3. 不仅要专业，还要有交响力。在工业时代和信息时代，强调的是重点化和专业化。随着左脑工作逐渐外包，并逐渐简化为软件程序，人们越来越注重另外一种截然相反的能力：把独立的各个因素整合在一起，即所谓的"交响力"。当今社会最需要的，不是分析而是综合，是综观全局，跨越各领域界限，把迥然不同的因素整合成一个全新整体。

4. 不仅要有逻辑力，还要有共情力。思考能力是人之所以为人的重要决定因素。在信息爆炸和先进的分析工具几乎无所不在的今天，仅仅具备逻辑能力是行不通的。成功人士与普通人的区别就在于，他们具备理解他人动机、构建良好人际关系并且关心他人的能力。

5. 不仅要严肃，还要有娱乐感。研究表明，游戏、欢笑、愉悦的心情和幽默感有益于身心健康和事业发展。当然，我们需要保持严肃认真的处世态度，但是过于严苛同样有损于身心和事业。在概念时代，无论工作还是生活，我们都需要娱乐。

6. 不仅要追求财富，还要追求意义感。 当今，我们生活的世界物质财富已极为充裕，这使得亿万人从每天的奔波劳碌中解脱出来，可以追求更有意义的理想，即生活目标、完美和精神满足感。

设计感、故事力、交响力、共情力、娱乐感和意义感这 6 大能力将日益指引我们的生活，重塑我们的世界。毋庸置疑，会有很多人欢迎这一改变，也会有人对此感到恐惧，担心我们的正常生活将被一帮穿着黑色紧身衣、装腔作势的人恶意扰乱，像我们这些不懂艺术、情感淡漠的人会遭到排挤。大可不必为此担忧。从根本上来说，这些至关重要的高概念和高感性能力是人类的天性。在稀疏的草原上，我们的穴居祖先既不用参加 SAT 测试，也不用填写电子表格；但是他们却在讲着各自的故事，理解他人的感受并进行发明创造。

一直以来，这些能力都是人之所以为人的基本要素。但在进入信息时代后，它们的影响逐渐衰退。当前，我们面临的艰巨挑战就是重塑它们的影响力。因此，接下来的每一章都附有一个工具箱，里面提供了各种练习和方法，以帮助你开发出一套全新思维。每个人都可以掌握概念时代的 6 大基本能力，但唯有最先掌握的人才能在这个时代脱颖而出。现在，让我们行动起来吧！

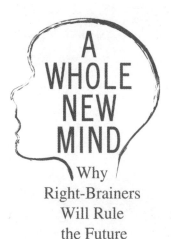

A
WHOLE
NEW
MIND
Why
Right-Brainers
Will Rule
the Future

04 设计感
人人都是设计大师

设计，是每个人每天都会做的活动。优秀的设计能够改变世界，而"设计师就是改变的缔造者"。我们无须了解他们，只需将自己打造成设计师。

戈登·麦肯齐（Gordon MacKenzie）是贺曼贺卡公司资深创意大师，他在晚年时曾讲过一个故事，在设计界内广为流传。他一直热心于公益，经常在各个学校演讲。每次演讲前，他都会先介绍自己是一名艺术家，随后环顾教室一周，浏览墙上的艺术作品，然后大声提问那是谁的杰作。麦肯齐会问："在座的有多少人是艺术家？请举一下手好吗？"

学生们的反应总是千篇一律。在幼儿园和一年级，每个孩子都会迫不及待地把手高高地举在空中；在二年级，3/4 的学生会举手，但是没有幼儿园和一年级的孩子那么急切；在三年级，只有几个孩子举手；到了六年级，一个举手的都没有，他们只是环顾四周，看看有谁承认他在"不务正业"。

设计师和其他创意工作者总在醉意正浓时一遍又一遍地讲述麦肯齐的故事，而且语调里总带着不满与伤感，控诉这个世界对自己的工作是多么不重视。每当麦肯齐讲起这个故事时，人们也只是轻轻地摇头，还有人会嘀咕两句，甚至还会发出"啧啧"的声音。但是，他们的反应最多也只限于惋惜。

然而，他们本应愤怒才对。他们应该飞奔到学校，要求学校对此作出解释；应当安慰孩子，当面质询校长，或者把校董事会赶下台。但他们没有这么做，因为麦肯齐的故事并不是关于缺乏资金支持的艺术项目，它不感人，也不会引起人们的悲悯之情。

然而，这个故事在当今时代极具警示意义。

一切都是经过设计的

理查德·科萨莱科 美国艺术中心设计学院 院长	设计师就是未来的炼金术士。

当今时代，国家是否繁荣、个人是否安乐在很大程度上取决于是否有艺术家存在。在这个物质财富充裕且深受自动化和外包风潮扰动的世界里，每个人都必须培养一种艺术敏感性，而不管他从事什么职业。虽然不是人人都能成为达利①或德加②，但我们都要成为设计师。

然而，我们往往只是把设计视为一种装饰，忽略它的存在，认为设计不过是对原本平淡无奇的事物进行美化。现在，如果仍然对设计的含义和作用持有同样的看法，那就大错特错了。设计领域的一名学者约

---

① 西班牙超现实主义画家和版画家。——译者注
② 法国古典印象主义画家。——译者注

翰·赫斯克特（John Heskett）对设计感作出了很好的解释：

> 从本质上而言，设计感是人类的一种基本天性，即人类以自然界史无前例的方式塑造和改善着我们所处的环境，以满足自身需求，并使生活充满意义。

现在抬起头，看看你的房间吧。你周围的一切都是经过设计的，手里的书、书上的字、身上的衣服、使用的家具以及居住的高楼。这一切都是你生活中不可或缺的一部分，都是由某些人设计并创造出来的。

设计感是典型的全新思维能力。正如赫斯克特所说，设计感就是实用性和意义性的结合。平面设计师设计的手册一定要便于阅读，符合实用性；但是从设计的目的来讲，手册还必须能够传达某些文字所无法传达的理念或情感，符合意义性。而家具设计师设计的桌子一定要稳固（实用性），也要具备超越实用性的审美情趣（意义性）。实用性近似于左脑思维，而意义性则近似于右脑思维。同时，由于受两种思维方式的影响，现代产品的实用性已相当普遍，而且不需要花费大量金钱即可获得，这也更加突显了产品意义性的价值。

名词解释

设计感： 即蕴含意义的实用性，是典型的全新思维能力，是指人类以自然界史无前例的方式塑造和改善着我们所处的环境，以满足自身需求，并使生活充满意义的能力。

我们培养的不是职业设计师，而是一种能力

保罗·史密斯
时尚设计师

合理的设计能提升生活品质，创造工作机会，并给人带来快乐。这是一件不错的事情。

设计感——蕴含意义的实用性，已成为获得个人满足感和事业成功必备的基本能力。其原因有三点：

● 随着经济的繁荣和技术的进步，优秀的设计已经越来越普遍，吸引了更多的人参与设计活动，并体会其中的乐趣，从而成为业界的设计大师。

● 在这个物质财富充裕的时代，设计感对大部分现代企业而言都相当重要，因为设计感可以使自己与众不同，从而开拓新的市场。

● 随着越来越多的人具备了设计敏感性，我们将越来越有能力实现设计感的终极目标：改变世界。

2月，一个凉爽的早晨，在离费城的独立纪念馆半个街区远的地方，我看到了这三个原因合而为一的生动画面，当时戈登·麦肯齐一定正在天堂里对着这个地方露出赞许地微笑。

这是麦克·莱因戈尔德（Mike Reingold）的设计工作室，时间是早上10点。舒缓的音乐恣意在空中回荡，一个学生摆好造型坐在一把椅子上，另外19名同学正围着她画素描。这一画面完全是贵族艺术学院里的场景，唯一不同的是：这些正在绘画的年轻人都是十年级的学生，他们大部分来自费城最清贫的街区。

欢迎来到建筑与设计特许中学（CHAD），这是费城一所免费的公立学校。该校旨在展示设计的影响力，开拓年轻人的思维；同时，它也打破了设计只属于极少数人的神话。

来到 CHAD 的时候，这群孩子正在上九年级。在此之前，他们大部分人从未上过美术课；其中只有 1/3 的人识字，他们的数学成绩也仅相当于三年级学生的水平。然而现在，他们如果参加美国高考，80% 的学生能够考上两年制或四年制大学，其中有些学生还可能考上著名设计院校普拉特学院和罗德岛设计学院。

CHAD 成立于 1999 年，是美国第一所以设计为主导的公立高中。学校的目标不仅是要培养新一代设计师，或者是将这一以白人为主的职业多元化，它还致力于利用设计来教授核心学科。在 CHAD，3/4 的学生是非裔美国人，85% 是少数族裔。这里的学生每天都要在设计室工作学习 100 分钟，所学课程包括建筑学、工业设计、色彩理论和绘画。而同样重要的是，学校将设计与数学、自然科学、英语、社会科学和其他学科结合在了一起。比如，在学习罗马帝国历史的时候，他们不仅要知道关于罗马的水源输送知识，还会亲自制作一个渡槽模型。

克莱尔·加拉赫（Claire Gallagher）也是一名设计师，之前曾担任该校的课程与教学主管，他说："他们正在学习如何把截然不同的事物组合在一起，以寻找解决问题的办法。设计是一门跨学科的专业，我们培养的是具备综合思维能力的人才。"

全新思维案例

在这个注重全新思维的环境中，最优秀的学生之一是肖恩·坎蒂（Sean Canty）。肖恩·坎蒂身材瘦小，但十分聪明，他像资深设计师一样沉稳，同时又像大多数 16 岁的孩子一样顽皮。下课后我同他谈话时，他告诉我之前就读的中学非常混乱，他说："当时我经常在课上画素描，而且在美术课上也一直表现不错。可是同学们总是把你当作怪人，因为在班上喜欢艺术的人被认为是不正常的。"自从进入 CHAD，他找到了自己的快乐，并积累了很多经验，对他这个年龄的孩子来说，这些经验已经非常了不起了。

每周有两个下午，他会去当地的一家设计公司实习。通过 CHAD，他还认识了一位建筑学导师，现在他会飞往纽约在导师的帮助下设计海报。他自己已经设计并制作了"两座超棒的塔楼"模型，希望有一天会真正建造起来。坎蒂还说："我学会了如何与人合作，以及如何吸取他人的长处，激励自己。"这是他在 CHAD 学到的最重要的东西，这比任何一项专门技能都更有价值。

事实上，只是在学校的大厅走廊漫步一番，就已经很令人振奋了。大厅里展示着学生们的艺术作品，走廊里摆放着库珀·休伊特史密森尼设计博物馆（Cooper Hewitt, Smithsonian Design Museum）捐赠的家具。整个学校到处都是各大设计师的作品，如凯瑞姆·瑞席、凯特·丝蕾（Kate Spad）和弗兰克·盖里（Frank Gehry）。有些作品是陈列在柜子里的，CHAD 的学生们就把这些柜子搬出来以作展示。这里的学生们一律统一着装，穿着蓝色衬衫和棕褐色的裤子，男同学还要系领带（见图 4-1）。

学校发展总监芭芭拉·钱德勒·艾伦（Barbara Chandler Allen）对我说：
"他们看起来就像是年轻的建筑师或设计师。"她说，在一个绝大多数学
生甚至连午餐费都交不起的学校，能做到这一点已经很不容易了。

图4-1　系领带的男学生

注：图中的 CHAD 学生为昆西·埃利斯（Quincy Ellis），毕业于 2005 年，现就读于罗
　　德岛设计学院。

在很多学生看来，CHAD 是这个残酷世界里的一个避难所，这里
安全、有序，老师们十分有爱心，对学生寄予了很大期望。费城一般公
立高中的日出勤率是 63%，而 CHAD 的出勤率则高达 95%。同时学校
并未安装金属探测仪，也能说明学校的有序和安全。在费城，仅有几个
学校没有安装它，而 CHAD 就是其中之一。当学生、老师和来访者从
位于桑塞姆大街的学校大门走进来时，首先映入眼帘的就是一幅由美国
抽象派艺术家索尔·勒维特（Sol Lewitt）创作的彩色壁画。

虽然 CHAD 是这类学校的先驱，但在美国，这样的学校不止这一所。迈阿密的公立学校中有设计与建筑高中，纽约有艺术与设计中学，华盛顿有一所名为工作室学校的特许小学，学校的很多教师都是职业画家。设计教育正在迅速发展，其范围已不再仅仅局限于小学和中学。在第 3 章我们已经了解到，在美国，MFA 正在成为新型的 MBA。在英国，从 1995—2002 年，设计专业的学生增加了 35%。在亚洲，日本、韩国和新加坡 35 年前尚没有设计学校，而今天，这三个国家的设计学校已达 23 所。

同 CHAD 一样，这些学校的许多学生也许并不会成为职业设计师。副校长克里斯蒂娜·阿尔瓦雷斯（Christina Alwarez）说这没有关系："我们要让学生们认识到什么是设计，以及设计是如何影响他们的生活的。我认为，设计课程是现代博雅教育（Liberal Education）的一种形式。"无论这些学生将来追求的是什么样的人生道路，他们在学校的经历都将会提高他们解决问题、理解他人以及欣赏周围世界的能力，而这些能力正是概念时代不可或缺的必备技能。

名词解释

博雅教育： "博雅"的拉丁文原意是"适合自由人"，在古希腊所谓的自由人，指的是社会及政治的精英。古希腊倡导博雅教育，旨在培养具有广博知识和优雅气质的人，让学生摆脱庸俗、唤醒卓越。其所成就的，不是没有灵魂的专家，而是成为一个有文化的人。

设计是每个人每天都会做的活动

保拉·安特那利
纽约现代艺术博物馆
建筑与设计部馆长

> 优秀的设计是一种融合了技术、认知科学、人类需求和美感的复兴态度。有些东西早已消失，而世人却对此毫无知觉，优秀的设计就是要再创这些已经在不知不觉中消失的东西。

弗兰克·诺沃（Frank Nuovo），世界最知名的工业设计师之一。你手里的诺基亚手机，很可能就是诺沃参与设计的。但是在年轻的时候，诺沃曾一度费尽心思让家人明白，他为什么选择这一职业。在一次访谈中，诺沃告诉我："当我告诉父亲我想成为一名设计师时，他说：'那是什么意思？'"诺沃说，我们需要缓解对设计产生的紧张情绪。"简单来说，设计就是一种寻求解决方案的活动，是每个人每天都会做的活动。"

从某个身裹腰布的人，用一块燧石打磨岩石来制作箭头的那一刻开始，人类就已经是设计师了。从我们的祖先还在稀疏的草原上过着游牧生活的时候，人类就一直都在本能地追求着新颖和美感。然而，在历史上的大部分时间里，设计，尤其是更加令人望而生畏的设计感，一直以来都只是上层人的专利，因为只有这些有钱人才有能力消费这些浮华的东西，并有时间享受其中的乐趣。其他人或许偶尔也会试着探寻生活的意义，但大部分人只是关注实用价值。

从过去的几十年开始，一切都有了新的变化，设计开始民主化。不妨做一下这个测试，以作验证。下面有三种字体，请在右边找到相应的字体名称。

1. A Whole New Mind　　　　　a. Times New Roman 新罗马字体

全新思维

2. A Whole New Mind　　　b. Arial 细黑

3. A Whole New Mind　　　c. Courier New 等宽字体

在写这本书的时候，这个测试我做了很多次。我想，你们大部分人肯定完成得又快又准。但是如果是在 25 年前，你们可能就完全不知所措了。之前，字体属于排版员和平面设计师的专业领域，而像你我这样的普通人基本上是无法识别和理解的。今天，我们生活在一个全新的环境里，大部分有读写能力、会使用电脑的人对字体都有所了解。正如维吉尼亚·帕斯楚所说："如果你生活在热带雨林地区，就能分辨各种不同植物的叶子，而我们则能分辨多种不同的字体。"

当然，字体只是设计民主化的一个方面。过去，最成功的零售企业之一是"设计触手可及"（Design Within Reach），该公司有 31 个工作室，这些工作室的任务是将优秀的设计转化为面向大众的产品。该公司提供的商品，都是造型优雅的桌椅和灯具，以前只有有钱人才能买得起，但现在普通人也有能力购买了。

第 2 章提到的塔吉特，在设计民主化方面就取得了不错的成绩，它一直致力于消除顶级时尚和大众商品之间的差异，艾萨克·麦兹拉西装在这里就有销售。塔吉特会在《纽约时报》为价值 5 000 美元的君皇表和价值 30 000 美元的哈利·温斯顿钻戒打广告，同时也为只卖 3.49 美元的菲利普·斯塔克（Philippe Starck）防溢婴儿杯打广告。在那次塔吉特之旅中，我买了一个深蓝色的迈克尔·格雷夫斯马桶刷；现在，格雷夫斯又设计了其他一些简易的产品组件，用户可以自助搭建凉亭、工作室或门廊。格雷夫斯还曾设计过图书馆、博物馆和价值百万美元的豪宅，但对我们大部分人而言，聘请格雷夫斯来设计我们的房屋有点太贵了。但是现在只要 10 000 美元，就能买一座格雷夫斯凉亭，这样我们在自家后院就能欣赏到世界上最优美和精致的建筑了。

当下，设计已经渗透到商业领域以外的范围。索尼有 400 个室内设计师，这并不足为奇。但是，耶稣基督后期圣徒教会竟有 60 名设计师，这奇不奇怪呢？上帝要让艺术家来装饰房间，但是山姆大叔却偏要自己重新装修。负责美国政府大楼建设的联邦事务服务总局（GSA）开设了一个"卓越设计"项目（Design Excellence），旨在把单调乏味的政府设施改造成适宜工作且赏心悦目的地方。追求设计力，已是当今时代的另一个当务之急，甚至连美国外交官都对此作出了响应。

2004 年，美国国务院宣布将取消使用多年的 12 号等宽字体，代之以一种新式标准字体——14 号新罗马字体。记载这一修订的内部备忘录解释说，新罗马字体"看起来更工整、干净，而且更现代，因此该字体的出现频率几乎和 12 号等宽字体不相上下"。然而比这一改变本身更值得注意的是，美国国务院的每个成员都明白文件指的是什么；但如果这一改变发生在一代人以前，就难免令人费解了。

人们为设计埋单，而不是物品

罗杰·马丁
多伦多大学罗特曼管理
学院院长

商人无须更深入地了解设计师，只需将自己打造成设计师。

设计民主化改变了企业的竞争方向。一直以来，公司之间的竞争

A
WHOLE
NEW
MIND

Why
Right-Brainers
Will Rule
the Future

全新思维

焦点都是价格或质量，或两者兼有。然而，如今上乘的质量和合理的价格只是商业游戏里一个台面上的赌注而已，仅仅是打入市场的一个通行证。

公司一旦满足了这些要求，他们将减少在产品功能和价格方面的竞争，加大在其他方面的竞争力度，如新奇、美观和意义等。其实，人们早就认识到了这一点。在大多数商人还未意识到著名设计师查尔斯·埃姆斯（Charles Eames）和霹雳娇娃之间的差别的时候，著名管理大师汤姆·彼得斯就一直在用设计引导商业。他给公司提了这样一个建议："设计感是你对产品之爱的核心表现。"

● "我们生产的不是汽车，而是艺术品" ●

当今社会，商业界对设计感的需求十分迫切，但就像美国国务院的备忘录一样，其中最引人注目的不是观点本身，而是人们已经对此有了普遍的认识。

现在，让我们来看一看分别来自不同国家、领域里的两个人：纽约市库珀·休伊特史密森尼设计博物馆馆长保罗·汤普森（Paul Thompson）；索尼前任总裁大贺典雄。

- 保罗·汤普森说："制造商已经开始意识到，我们不能像远东国家那样进行价格和劳动力成本的竞争。那么，我们竞争什么呢？设计！"
- 大贺典雄说："在索尼，我们认为竞争对手的产品在技术、价格、性能和特征上与我们的相差无几。在市场上，使我们的产品有别于其他产品的唯一方法就是，要有设计感。"

保罗·汤普森和大贺典雄的观点在公司的收益表和股票价格走势中得到了越来越多的体现。伦敦商学院研究表明：每增加 1% 的设计投入，公司的销量和利润就会平均增长 3% ~ 4%。 同样，其他研究也表明，高度重视设计感的公司，其股价要远远好于不太注重设计感的公司。

汽车业就是一个很好的例子。在第 2 章中已经提到，目前美国的汽车数量比拥有驾照的人还要多，对绝大多数美国人而言，只要想拥有一辆车就可以拥有。汽车的普及使价格下降、质量提升，也使得设计感成为消费者作出购买决策时重要的选择标准。美国的汽车制造商也已经渐渐意识到了这一点。

> 通用汽车公司经理安妮·阿森尼奥（Anne Asenio）说道："自20 世纪 60 年代以来的很长一段时间里，市场总监更多关注的是工科和工程学，他们总是致力于搜集和处理各种数据，却忽略了大脑的另一侧——右脑的重要性。"这最终给底特律带来了毁灭性的灾难。

这也让那些坚持认为在具备实用性的同时也需要设计感的人，如罗伯特·鲁茨，得以证实自己的观点。鲁茨曾发表一篇著名宣言，宣布通用汽车公司从事的是艺术业，而且该公司一直都在努力让设计师获得与工程师同等重要的地位。阿森尼奥说："你一定要别具一格，否则就不能生存。我认为，设计师有第六感，即敏锐的触觉，它使得设计师比其他专业人员更具特色。"

其他汽车公司也在逐渐改变策略，开始更加注重设计。宝马设计总监克里斯·班戈（Chris Bangle）说："我们生产的不是汽车，而是移动的艺术品，体现了开车人对品质的钟爱。"福特汽车公司的一位副总裁说："在过去，公司只生产体型较大的 V-8 型车。而现在，公司更注重和谐感与平衡感。"

各大公司都疯狂地借用设计感来形成自己独特的风格。《新闻周刊》称："在底特律大男子主义盛行的汽车文化里，马力已经让位于风格。底特律车展也许要更名为底特律汽车内饰展了。"

● 吸引人的是风格，而不是物品本身 ●

厨房能进一步证明人们对设计感的重视。当然，在购置了闪闪发光的高档零下冰箱（Sub-Zero）并配备了维京（Viking）家居用品的高档厨房里，情况会各有不同。在美国和欧洲，柜子里和厨房操作台放置的物品体积较小，价格也便宜，但是这些东西更能体现人们对设计感的重视。例如，一些十分受欢迎的"厨具"，即被赋予人格特征的厨房用具。

拉开一个美国家庭或欧洲家庭的橱柜，你也许会发现一个形似微笑着的小猫的启瓶器、一个冲着你大笑的吃意大利面用的勺子，或者一个长着曲棍球似的眼睛和细长腿的蔬菜刷；或者你还可以到商场去买一个吐司炉，你会发现很难找到那种旧式的平底炉，因为现在更多的产品都是非写实的，款式时尚独特、别具匠心、线条优美，或许它还会让你想到其他一些通常不会和小型家电联系到一起的形容词。

也许有些专家会把这些进步归因于心思巧妙的市场营销人员，或者他们会进一步证明吸引富裕的西方人的是风格而不是物品本身。但是，这一观点误解了经济现状和人类的渴求。用心思考一下那个小吐司炉。一般人每天使用吐司炉的时间最多 15 分钟，在其余的 1 425 分钟的时间里它就只是那么摆着。换句话说，吐司炉 1% 的时间是用于使用的，其余 99% 的时间都是用来展示的。那么，为什么不把它设计得优美一些呢，况且现在一个外形美观的吐司炉还不到 40 美元。拉尔夫·沃尔多·爱默生说过，如果你发明了一个更先进的捕鼠器，那么你可能就会成为世界的焦点。但是在这个物质财富充裕的时代，除非你发明的先进捕鼠器也能吸引右脑的注意，否则没有人会理你。

随着商品更新换代速度的加快，设计感已成为一项必不可少的能力。转瞬之间，今天的产品已经从左脑导向的实用性转变为右脑导向的意义性。请回想一下手机吧。在不到 10 年的时间里，手机从只有少数人才拥有的奢侈品，发展为大多数人的必备品，到今天又成为很多人展现自己个性的装饰品。日本一家个人电子产品公司经理户城静香说，手机已经从强调速度和特定功能的"实用设备"转变成展示个性、款式别致并能量身定制的"情感设备"。现在，消费者在手机装饰上的花费几乎可以和手机本身的价值相媲美了。去年，手机铃声的总收益已达 40 亿美元。

其实，设计感最强大的经济效益之一是它能开拓新的市场，无论是铃声、厨具、光伏电池还是医疗设备。物质财富的充裕、亚洲的崛起和自动化盛行这三大力量迅速将各种物品和服务转化为商品，因此企业求得生存的唯一出路，就是不断构思新创意、创造新产品以及给这个世界带去某些已在不知不觉中消失的东西。

> **名词解释**
>
> **艺术：**是能引发他人思考和情绪的思想及情感表达，比如富有创造性的语言、方式、方法及事物。

优秀的设计改变世界

安娜·卡斯特利·费里尔
意大利著名建筑师

> *有用的东西未必是美观的，而美观的东西却往往是有用的。美的事物能够提升人们的生活方式和思维方式。*

富有设计感的厨房烹饪用具不仅是用来搅拌酱汁的，它更能触动人们的心灵。而设计感所带来的不只是这些。优秀的设计能够改变世界，糟糕的设计同样也能改变世界。

比如医疗业，大多数医院和医疗室都单调、乏味。虽然医生和管理人员或许也想改变这种状况，但是他们一般都认为还是开药和做手术比较迫切和重要。但是，现在已有越来越多的证据显示，改善医疗环境有利于患者更快地康复。

匹兹堡的蒙蒂菲奥里医院做的一项研究表明：住在光线充足的病房里的患者比住在普通病房的患者需要的止痛药要少，而且医药费也少 21%。还有一项研究对两组患同一种病的患者进行了对比。一组患者被安排在一间阴沉单调的传统病房里，另一组患者则被安排在一间阳光充足、设计雅致的现代病房里。住在现代病房里的患者比住在传统病房里的患者需要的止痛药要少，而且出院的时间也平均要早两天。当前，很多医院都在对其设施进行重新设计，将来病房里的阳光会更充足，家属等候室也会既私密又舒适，同时还会有许多独特的设计，如独具匠心的花园和环行小路。现在，医生们已经意识到这些都有助于患者的康复。

在公立学校和公寓，美观也一直让位于官僚主义。如果把设计感引入这两个地方，同样会有很大的发展空间。乔治敦大学的一项研究发现，即使学生、教师和教育方法都保持不变，改善学校的客观环境也会使学生的考试成绩提高 11%。与此类似，公寓因其令人望而生畏的外观而备受诟病，但现在，公寓也开始注重设计了。

全新思维案例

公寓设计方面值得一提的例子是纽约市由路易斯·布雷弗曼（Louise Braverman）设计的切尔西大楼。该建筑的建造预算十分有限，但是公寓楼梯井多姿多彩，房间通风效果也很好，而且屋顶阳台也配备了由菲利普·斯塔克设计的家具（见图 4-2）。所有这一切都是为那些低收入或之前无家可归的人而准备的。

© SCOTT FRANCES

图4-2　纽约市切尔西大楼楼顶的露台

设计感还能带来环境效益。"绿色环保设计"意在消费品设计中融入可持续发展理念，这一方法不仅可以将回收的材料制造成新的产品，而且设计的产品既注重实用性能又关注回收利用。建筑设计也同样在向着"绿色环保"的方向发展，其部分原因是建筑师和设计师已经意识到，美国建筑物所产生的污染比汽车和工厂产生的污染总和还要多。在美国，已经有1 100多栋建筑向美国绿色建筑委员会提出了环境友好型鉴定申请。

● 改写了美国历史的"蝶形选票" ●

如果你还不相信设计不只是对汽车顶棚和厨房砧板十分重要的话，就请回想一下2000年的美国总统大选，以及在长达36天的时间里人们不断争论的情景——赢得佛罗里达州最多选票的是阿尔·戈尔，还是乔治·布什？在今天看来，那场选举和结果就像是一场噩梦。但是，这场骚动也深藏着一个十分惨痛的教训，只是人们没有留意。民主党声称美国最高法院没有重新计票，而是直接宣布任命乔治·布什为总统；共和党却宣称对方企图窃取选举结果，因为对方曾强烈要求选举官员统计没有完全打孔的选票（选票是长方形的，很小）。但事实上，双方的观点都有失偏颇。

A
WHOLE
NEW
MIND

Why
Right-Brainers
Will Rule
the Future

全新思维
实验

选举结束一年后，几家报社和一些科研人员曾对佛罗里达州所有的选票作了详尽的研究。"9·11"恐怖袭击事件的发生，使得人们忽略了对选举事件的报道。在2004年布什再次当选后，这些发现就被彻底遗忘了。这一研究表明，决定2000年美国总统选举结果的是图4-3所示的东西。

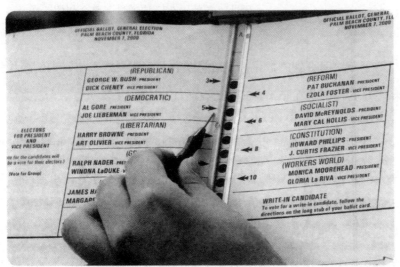

© Bruce Weaver, Getty Images

图4-3 蝶形选票

A
WHOLE
NEW
MIND

Why
Right-Brainers
Will Rule
the Future

全新思维

这就是臭名昭著的蝶形选票。佛罗里达州棕榈滩县的选民就是用这种选票进行投票的。棕榈滩县有几万名年长的犹太选民，是民主党人的地盘。而极端保守的改革党候选人帕特·布坎南（Pat Buchanan）却在棕榈滩县得到了 3 407 张选票，是他在该州其他县所得选票的 3 倍（根据图中所示，民主党候选人戈尔在左边第 2 栏，却对应第 3 个孔，布坎南在右边第一栏，却对应第 2 个孔，想选戈尔的人，很容易选中第 2 个孔，而不是第 3 个）。据经济咨询公司竞争政策联盟（Competition Policy Associates）调查分析显示，如果棕榈滩县也采用该州其他 66 个县的选举制度，布坎南的选票将只有 603 张。除此之外，棕榈滩县有 5 237 个选民同时选了阿尔·戈尔和帕特·布坎南两个人，所以他们的选票是无效的。因此，布什以 537 票通过了整个州的选举。

对于布坎南得到的数目惊人的选票和几千张无效选票，人们要作何解释呢？其根源就在于不合理的设计！

无党派调查发现，决定棕榈滩县的投票结果，因而也决定了谁将成为美国领导人的，并非是罪恶的联邦最高法院，也不是罪恶的选票，而是不合理的设计。负责这一调查的教授说，蝶形选票迷惑了几千名选民，这也使得戈尔当选为总统的美梦落空。"选民的困惑以及选举说明、选举设计和投票机似乎已经改变了美国历史。"棕榈滩县在设计选举程序的时候，如果有几名艺术家在场，也许一切将会因此而不同。

但是蝶形选票及其造成的困惑从根本上来说，是给美国带来了不良后果还是好的结果呢？今天，智慧的人们可以就此展开辩论。但是，在某些曾为阿尔·戈尔效力且至今仍是民主党的人看来，这一调查并不是中立的。不合理的设计原本也可以使民主党受益、令共和党沮丧，也许将来某一天这可能会成为现实。但是，无论有什么样的偏见，我们都可以将蝶形选票视为概念时代里相当于人造卫星发射般的重大事件。现在，我们已经知道，设计是一个根本的、重要的能力，而这个改变了世界的惊人事件恰恰揭示了美国人是多么不擅长设计。

设计感——一个难以外包或自动化的高概念能力，给商业领域带来了越来越大的竞争优势。现在，优秀的设计比以往更多，能消费得起这些设计的人也更多。优秀的设计给我们的生活增添了乐趣、意义和美感。更重要的是，培养设计敏感性会使我们共同生活的小小地球更加美好。CHAD 的芭芭拉·钱德勒·艾伦说："设计师就是改变的缔造者。想想 CHAD 的大批学生走向社会后，世界会变得多么美好吧！这样我们就能有所醒悟了。"

激发设计灵感

把你的设计创意记下来

买一个小笔记本，以便随身携带，看到不错的设计就把它记录下来，看到有缺陷的设计也把它记录下来。比如："我车上的警示灯开关和排挡的距离太近了，以致我把车停在公园的时候经常会把警示灯打开。"不久以后，你就会对各种图案、室内设计和周围的环境更加敏感，同时也会更加深刻地体会到设计是如何影响我们的日常生活的。此外，你还要记录一些生活经历，比如买一杯咖啡、乘飞机旅行或者去急诊室。如果你不喜欢做笔记，可以随身携带一部小型数码相机或带摄像头的手机，拍下你看到的各种好的或不好的设计。

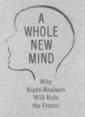

全新思维工具箱

倾诉你的烦恼

- 1. 挑选一个让你感到不便和心烦的家居用品。
- 2. 带上纸笔自己一个人去咖啡店，但不要带书也不要带报纸，边喝咖啡边思考如何改进那个设计糟糕透顶的家居用品。

● 3. 把你的想法或绘制的草图发给这件物品的厂家。

你绝对想不到这会带来怎样惊人的结果。

阅读设计杂志

职业设计师会经常阅读各种设计杂志，你也要像他们那样。设计杂志看多了，会让你目光敏锐，也会激发你的思维。虽然市面上的创意杂志令人眼花缭乱，但我必读的有以下8种：

1. *Ambidextrous*——斯坦福大学设计学院发行，该杂志新颖独特，探讨了各种设计技巧以及创意思维的微妙。

2. *Dwell*——美国著名新型家居杂志，因其严谨的公共服务理念和环境保护意识而迅速赢得广大读者的青睐。

3. *HOW*——优秀的平面设计杂志，提供了很多巧妙的建议以及各种阅读资料，其年度创意大赛已成为众多设计师的创意来源。

4. *iD*——曾获得5项全国性杂志奖项，以其年度设计回顾和iD40而闻名。该杂志每年会评选出最佳设计奖，还会向读者介绍极具潜力的设计师。

5. *Metropolis*——该杂志主要专注于建筑结构和材料，并对当前的建筑环境进行了深刻剖析。同时，我也很欣赏里面关于可持续发展设计的内容。

6. *O Magazine*——由美国脱口秀女王奥普拉·温弗瑞发行，该杂志充分展现了她的设计敏感性。这是我最喜欢的三本设计杂志之一。

7. **Print**——优秀的平面设计杂志。该杂志以其声势浩大的区域年度设计大赛而闻名。

8. **Real Simple**——我认识的一名设计师将其奉为《圣经》。该杂志的理念简洁明了："简化日常工作，让读者专注于赋予生活意义的事物。"

让设计感融入生活

然而，我们这些不是职业设计师的人，要如何将设计敏感性融入我们的生活呢？我曾向凯瑞姆·瑞席请教，请他就此给出一些建议，之后他送给我一套"凯瑞姆格言录"，上面有 50 项生活和设计指南。摘录如下：

- 1. 切勿有专攻。
- 5. 实际动手前，先问问自己的想法或理念是否新颖，或者你所
  要传播的东西是否真的有价值。
- 6. 对自己的设计经历有一个彻底、详尽的了解，但是在设计新
  产品时要完全忘掉。
- 7. 不要说"我本来可以做到"，因为你并没有做到。
- 24. 享受产品带来的体验，而非单纯地消费。
- 33. 正常的设计不是优秀的设计。
- 38. 世上的人可分为三种：创造文化的人、消费文化的人以及
  不在乎文化的人。要努力做前两种人。
- 40. 思维要广阔，不要局限在某处。
- 43. 经历是生活中最重要的组成部分，思想交流和人际交往就
  是生活的全部。空间和物品能够丰富我们的体验，也能让我们
  暂时忘记某些经历。
- 50. 把握当下。

A
WHOLE
NEW
MIND

Why
Right-Brainers
Will Rule
the Future

全新思维

做一名设计侦探

房地产经纪人最大的兴趣是登门造访、问东问西，他们甚至对此达到了痴迷的程度。你也可以效仿他们，在周日的时候绕着别人家走一走。看一看房地产广告，也许你会想出多种设计理念或者得到各种领悟。绕着几栋房子走一走，找找各种设计趋向与它们之间的共性，想想这些设计是如何以独特、新奇的方式表达出广告主人的个性和品位的。翻翻设计师萨拉·苏珊娜（Sarah Susanka）的书《不大的小屋》（*The Not So Big House*），"留意一下让你感到舒适的空间是如何搭建的，考虑一下吸引你的是它激发的情感还是它的外形，并试着解释一下这是为什么"。

也许，我们可以撇开这个来看另外一个方法：召集几个朋友，一起外出拜访几户人家。傍晚时分再聚在一起对比各自的记录。一定要仔细观察装饰精美的房子，充分利用这次房屋参观之旅，因为这会让你在短短的几小时内就构思出各种各样的设计。

这一跟踪式的方法也适用于工作场合。下次你再去别人的工作单位时，就可以四周看一下。那里的办公环境为什么让你感到舒适？在这样的环境下，你的工作效率会提高吗？你会感到开心吗？这里的布局、灯光和家具是如何促进或阻碍人际交往的？在你自己的工作场所又会融入什么样的设计元素呢？

参与到"第三次工业革命"中去

如果我们所有人都是设计师，那么除了独立设计一个作品外，还有什么更好的设计方式吗？意大利设计师盖特诺·佩斯（Gaetano Pesce）说："未来，消费者将更加期待有创意的物品。我所说的第三次工业革命将使人们有机会拥有别具一格的产品。"选用自己喜欢的颜色、款式和外形设计一双自己的耐克鞋,就可以深切体会这次革命。你也可以设计一双万斯滑板鞋,或者,为了最大限度地展现个性,你可以创造自己的手写字体。设计师戴维·斯莫尔(David Small)曾告诉我:"当今时代,消费品的大规模定制业务急剧增长,对普通大众如何看待设计产生了巨大影响,而且这一影响会日益明显。"

参观创意博物馆

美术作品通常陈列在博物馆,但是应用艺术,即设计,通常放在摇摇晃晃的文件柜里或者是设计师的地下室里。幸运的是,这一现象正在发生改变。现在,几所大城市已经有了收藏工业设计、平面设计、室内设计和建筑设计的博物馆。这些博物馆展示了丰富的作品,并配有详细的说明,多去看一看,可以大大增强你的设计敏感性。以下是10家最好的博物馆:

1. 库珀·休伊特史密森尼设计博物馆

位于纽约,其非凡而永久性的设计藏品是世界上最大的宝藏之一,从米开朗琪罗的素描到伊娃·蔡塞尔(Eva Zeisel)的盐瓶,应有尽有。它的很多展品都美妙绝伦,尤其是其主办的"国家设计三年展"展出的作品。

2. 设计交流中心(Design Museum)

位于多伦多,该博物馆及其研究中心的名字来源于它所在的建筑大楼,这座大楼曾经是多伦多第一家证券交易所的所在地。今天,该博物馆有着双重目标,即展示加拿大的最佳设计以及让参观者了解世界上形形色色的设计。

3. 英国设计博物馆（Design Museum）

位于伦敦，该博物馆由著名设计师特伦斯·考伦爵士（Sir Terence Conran）设计。博物馆分为两层，会定期举办设计作品展，其内部的礼品店和专为培养儿童设计意识而推出的活动，都是一流的。

4. 埃姆斯住宅（Eames House）

位于洛杉矶，由美国著名先锋设计师夫妇查尔斯·埃姆斯和雷·埃姆斯（Ray Eames）设计。在《艺术与建筑》杂志编辑发起的名为"个案研究住宅"的活动中，埃姆斯住宅是当时建造的众多住宅里最著名的。参观前，你一定要事先预约。不过，每年它都会对外开放一两次。

5. 赫伯特－卢巴林设计与排版研究中心（Herbert Lubalin Study Center of Design and Typography）

位于纽约东村，环境幽静。参观过该研究中心后，你对平面设计的观念将发生改变。该中心主要收藏极具影响力的平面设计，平时供库珀联盟学院（Cooper Union）师生使用。虽然有时也会举办公共展览，但要想看到这些优秀的作品需要提前预约。

6. 现代艺术博物馆（Museum of Modern Art, Architecture and Design Department）

位于纽约，是世界最好的艺术博物馆之一，同时也是美国第一批展示设计和建筑作品的博物馆。该博物馆永久性的收藏品从跑车到家具，从海报到家电，应有尽有，是设计学习者的必去之地。

7. 国家建筑博物馆（National Building Museum）

位于华盛顿，是这里最漂亮的博物馆之一，仅仅花五分钟的时间看看它的大厅和天花板就不虚此行，如果待的时间再长一点，你还会发现很多优秀的建筑和城市规划展品，这些展品通常都带有公益特征。该馆举办的儿童活动同样也很出色。

8. 维多利亚与艾伯特博物馆（Victoria and Albert Museum）

位于伦敦，是世界上最伟大的艺术和设计博物馆，其藏品种类、数量极为丰富，既有 10 世纪的埃及花瓶，也有 20 世纪的埃姆斯储物组合。该馆举办的青少年互动活动也是其一大特色。

9. 维特拉设计博物馆（Vitra Design Museum）

位于德国莱茵河畔魏尔城，该博物馆由解构主义建筑大师弗兰克·盖里（Frank Gehry）设计，定期展示欧洲最优秀的工业设计作品。

10. 威廉－艾斯纳广告与设计博物馆（William F. Eisner Museum of Advertising and Design）

位于美国威斯康星州密尔沃基市，这座令人神往的当代博物馆是密尔沃基艺术设计学院的一部分。里面大部分都是印刷设计展品，但也有一些有趣的工业设计作品。

牢记设计的 4 大基本原则

罗宾·威廉姆斯（Robin Williams，不是那个喜剧演员罗宾·威廉姆斯）是当今世界最优秀的设计作家。她写了一本非常好的书——《写给大家看的设计书》（*The Non-Designer's Design Book*），书中阐释了平面设计的 4 个基本原则：

- 对比（C）。如果设计元素各异，如类型、颜色、大小、线条粗细、形状、空间等，那么就要制造较大的差别。
- 重复（R）。重复视觉元素能够优化手册、通信或信头的布局结构，增强其协调性。
- 校准（A）。设计图上的任何元素都不是随意添加的，每个元素都要和其他元素有一定的视觉相关性。
- 邻近原则（P）。相邻的元素要紧密结合在一起。

威廉姆斯在书中举了很多例子，不妨翻翻看。如果你注意到了她所提到的 CRAP，将来就可能避免作出看上去不太好的设计。

选择激发情感的设计

找一件生活中对你有特殊意义的物品，如大学时代的一件旧衬衣、一个两端完全对称的钱包、一把特别喜欢的公用钥匙或者一只非常不错的新手表，把它放在面前的桌子上或拿在手里，然后思考以下问题：

- 你看着或使用这件物品时，想到了什么？是过往的经历？使用方法？还是制造它的人？也许你会从中体会到某种满足感。
- 这件物品是如何影响你的五大感官的？它总会有很多设计细节或设计因素触发你的某种情感。
- 想一想你是如何把这件物品引发的感受同你对它的看法联系起来的。你能理解这种联系吗？

同样也试试其他的物品，也可以是一些和你没有特殊联系的物品。你对这些物品的感觉有什么不同吗？为什么它们不能触发你的情感呢？

有意识地选择能激发情感的设计，可以给我们的生活带来更多满意的、有意义的事物，而不仅是物品数量的增加。

上述思考引自著名设计公司 Design Continuum 工业设计总监丹·巴克纳（Dan Buchner）。

生活中要讲究和挑剔

在生活中，选择便于使用的耐用物品。经典的服装从来都不会过时，随着时代的发展，家具也会如此。选择我们自己喜欢的，而不是引起别人注意的东西。另外，不要把这些身外之物看得比家庭、朋友或自己的精神世界更重要。

上述观点引自马尼·莫里斯（Marney Morris）。马尼·莫里斯是互动设计公司动画母体（Animatrix）的创始人，也是斯坦福大学互动设计学教师。

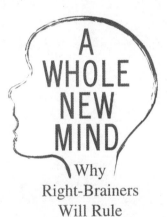

A
WHOLE
NEW
MIND

Why
Right-Brainers
Will Rule
the Future

05 故事力
做生活的策划者

　　每个人都有自己的故事，人人都是个人生活的策划者。一定要倾听别人的故事，让人生存下去的不是食物，而是故事。

现在我们来做个突击小测试。

第 2 章谈到了推动我们进入概念时代的三种力量，当时我用了一些例证来证实我的观点。现在已经到了本书的中间部分，让我来提两个问题，看看你记住了多少。

- 第一题：在亚洲的崛起部分，我们了解到大量的白领工作正向印度、中国和菲律宾等地转移。根据我引用的研究，在接下来的 10 年，美国将会有多少薪酬总额移向这些低成本地区？
- 第二题：在自动化部分，我们了解到强大的软件正在重塑或淘汰西方很多知识工作者所从事的工作。那么，谁是概念时代的约翰·亨利？

除非你有过目不忘的记忆力或者对薪酬有特别的兴趣，否则你可能答不出第一题，但你可以答出第二题。这是为什么呢？因为在第一题，我是让你回忆一个具体的数字；而在第二题，我是让你想起一个故事。

我们很难想起孤立的事件，却比较容易想起加里·卡斯帕罗夫这个悲哀的智者，但这不是记忆力不佳的标志，也不是阿尔茨海默病的征兆，这只是说明了大多数人的大脑是如何工作的。故事比较容易记忆，是因为从很多方面来说，讲故事就是我们记忆的方式。认知科学家马克·特纳（Mark Turner）在《文学思想》（*The Literary Mind*）一书中写道："联想型的叙事故事是最基本的思维方式，这也是理性能力的基础，是我们展望未来、预测未来、组织策划和解释问题的主要手段。我们大部分的经历、知识以及思想就像是一个一个的故事。"

故事，让我们与世界相连

罗杰·斯坎克
美国心理学家

人类生来并不能很好地理解逻辑，但是却能很好地理解故事。

故事力同设计感一样，都是人类经验中不可或缺的组成部分。回顾一下第 4 章提到的那个身裹腰布的人你就会明白了。

当夜幕降临，他和同伴们回到家后，也许他们会围坐在营火旁，互相讲述自己是如何逃脱剑齿虎的追逐或如何翻新自家居住的洞穴的。和我们的大脑一样，他的大脑内部也有一套"故事语法"，这套语法使他将整个世界理解为一个一个的经历，而不是一套逻辑命题。他用故事来解释自己的经历，并用故事将自己同他人联系在一起。

虽然在整个人类历史上故事力都十分重要，是大脑思考的关键，但在信息时代，故事力的名声却不是很好。虽然好莱坞、宝莱坞等娱乐行业比较崇尚故事力，但是社会上的其他人，甚至是所有人都认为故事力不如事实可靠。故事是娱乐性的，事实是阐释性的；故事是用来消遣的，事实是用来说明问题的；故事是用来掩饰真相的，事实是用来揭示真相的。这一观点存在两个问题：第一，上述突击小测试让我们在一瞬间隐约看到，这一观点同大脑的实际运作机制是相悖的；第二，在概念时代，将故事力的重要性最小化会导致你的生活和事业陷入危机。

名词解释

故事力： 存在于高概念和高感性的交汇处，是一种高概念和高感性能力，它通过将一件事置于另一种情境的方式来加深我们的理解。

发现事实通常并不容易。不久之前，世界上大量的资料和信息还都堆放在图书馆积满灰尘的书架上；还有一些资料和信息都放在专有数据库里，只有那些财力雄厚的机构才买得起，也只有那些训练有素的专家才能使用。但在今天，免费的信息几乎到处都是，而且获得信息的速度相当快。如果你想要搜寻有关薪酬损失的信息，就可以在"谷歌"中打入几个字，点击"回车"，几秒钟后你就会看到屏幕上出现的相关信息。

在今天看来不足为奇的现象，也许在 15 年前看起来会十分新奇古怪。比如，一个会说英语的 13 岁小孩扎伊尔，只要上网，就能像剑桥大学的图书馆馆长一样，快速轻松地搜索到布鲁塞尔的天气情况、IBM股票的收盘价或者丘吉尔的第二任财政部长的名字。这实在是棒极了。但是这也对我们的工作和生活方式产生了重大影响。当今时代，信息时时处处可得，因而价值也就相对减小。因此，现在越来越重要的是这样一种能力：把这些信息置于某一情境之中，使之具有某种情感冲击力。**这就是故事力的本质，即情感化的情境。**

故事力存在于高概念和高感性的交汇处，是一种高概念能力，它通过将一件事置于一种特定情境的方式来加深我们的理解。比如约翰·亨利这则寓言直白地向我们解释了工业时代早期的情形；而加里·卡斯帕罗夫的那段叙述又将这则故事置于一个新的情境之下，以此向我们传达了一个较为复杂的观点——作业自动化。由此可知，故事要比枯燥的演示文稿更令人印象深刻，也更有意义。故事力也是一种高感性能力，因为故事总是十分吸引人。约翰·亨利已不在人世，而加里·卡斯帕罗夫也被电脑击败了。正如福斯特所说："王后死后，国王也去世了。"而故事却是："王后死后，国王也心碎而亡了。"

在《那些让我们变得聪明的事情》（*Things That Make Us Smart*）一书中，唐·诺曼（Don Norman）总结了故事力的高概念和高感性本质：

> 故事力能够精确地捕捉到正式的决策方法未曾提及的因素。逻辑能力是要进行归纳总结，脱离特定的情境作出决策，不能带任何主观情感因素。而故事力能够捕捉情境和情感，是重要的认知行为，能够对信息、知识、情境和情感进行整合。

在概念时代，概括能力、情景化能力和情感化能力极为重要。当今，大量的常规工作被精简成某些规则，并转交给迅捷的电脑以及左脑思维敏捷、聪慧的其他人来做，因而故事力所体现的能力也越来越有价值，尽管这些能力较难掌握。同样，随着越来越多的人都过上了富足的生活，我们将有更大的机会去追寻生活的意义，而我们采用的方式也往往是讲述故事，无论是自己的故事还是别人的故事。故事力这一高概念和高感性能力，可以把各种事件描述得极具情感吸引力。接下来，我将探讨这一高概念和高感性能力是如何成为商界、医学界和个人生活中不可或缺的能力的。

在此之前，我要先给你讲一个故事。

故事的影响力

厄休拉·勒奎恩
美国著名女作家

从"纺线姑娘"到《战争与和平》，故事是人类所创造的理解事物的基本手段之一。存在没有汽车的社会，但是却不存在不讲故事的社会。

全新思维案例

很久以前，在一个遥远的地方住着一位英雄，他一生显赫，生活幸福，所有人都很尊敬他。有一天来了三个外地人，他们开始指出英雄的种种缺点，并告诉他不应该再待在这里。虽然英雄也做了顽强的抵抗，但却无济于事。他被驱逐出去，被迫来到一个新的世界。在这个新的世界里，他漂泊无依、孤苦伶仃，茫然不知所措。但是，在流放的过程中他得到了几个好心人的帮助，发生了彻底的转变并发誓一定要回归故土。最后，他的确回去了，并受到热烈欢迎。虽然他几乎已经认不出那个地方，但是他依然明白：这就是家。

这个故事听着熟悉吗？应该熟悉吧。这是根据约瑟夫·坎贝尔（Joseph Campbell）[1]所说的"英雄的旅程"改编的。坎贝尔在 1949 年出版的《千面英雄》（*Hero with a Thousand Faces*）一书中说到，任何时代和任何文化里的所有神话故事，其基本要素都是一样的，而且主要故事情节也是一样的。所以，他认为世界上没有什么新故事，人们只是在复述同样的故事。自从人类早期时代以来，一个非常重要的故事就是"英雄的旅程"，这个故事也是所有故事的蓝本。"英雄的旅程"包括三个主要部分：启程、发迹和回归。

- 起初，故事的主人公听到了某个呼唤，可是刚开始他并没有理会，但后来他还是步入了一个全新的世界。
- 在发迹阶段，他面临着严峻的挑战，感觉自己就像面对着一个无底深渊。但是在发展过程中，他一直都得到前辈的帮助，这些帮助对他而言就是一个神圣的礼物。从此，他也改变了自己，成为一个全新的人。
- 后来，他归来了，成为两个世界的主宰，并决心要同时改善这两个世界。

坎贝尔会说，荷马的《奥德赛》、佛陀的故事、亚瑟王传奇故事、卡萨加维亚传说、《哈克贝利·费恩历险记》、《星球大战》、《黑客帝国》，以及其他史诗，都是以这样的故事结构为基础的。

但是，"英雄的旅程"还表明了另外一点，也许你并没有注意到，其实我也是不久前才刚刚意识到的。"英雄的旅程"也影射了本书所隐

---

① 约瑟夫·坎贝尔，世界著名神话学大师，他的经典著作《神话的力量》《坎贝尔生活美学》《指引生命的神话》已由湛庐引进。——编者注

含的一个故事。故事以一名左脑思维能力超群的知识工作者开篇，她面临着一场由物质财富的充裕、亚洲的崛起和自动化带来的转型危机，而她一定要对此作出回应，寻找新型的工作和生活方式。起初，她并没有作出任何反应（反对外包业务、拒绝改变），但最终还是走向了概念时代。在掌握右脑能力方面，她面临着各种挑战和困难。但她坚持不懈，并最终掌握了这些能力，在两个世界里都游刃有余，拥有了全新思维。

当然，我并不是说本书具有某些神秘色彩，事实上，我是想说："英雄旅程"的故事结构隐于各个地方，无所不在。我们总是倾向于用常见的讲故事的形式来看待和解释这个世界。这一倾向根深蒂固，以致我们往往不会留意到它，甚至在自己写下这些文字的时候也察觉不到。然而在概念时代，我们必须清醒地认识到故事的影响力。

不要只做会讲故事的人，还要做会讲故事的管理者

> 人类的大脑总是倾向于把各种经历编成故事，而打动观众的关键，不是抵制这种冲动，而是接受它。

罗伯特·麦基（Robert McKee）是好莱坞最具影响力的人物之一，也许你从未在银幕上看到过他的面孔，也从未在片尾的工作人员名单里看到过他的名字。但在过去的 15 年里，美洲和欧洲举办的各种为期三天的研讨班都有他的身影，教导那些有志成为编剧的人如何创作引人入胜的剧本。大约有 40 000 人每人花 600 美元参加了他的培训课程。

他的学生们曾先后 26 次获得奥斯卡奖。任何想要成为编剧的人，都可以从阅读他的著作《故事：材质、结构、风格以及银幕剧作的原理》（*Story:Substance, Structure, Style, and The Principles of Screenwriting*）开始。然而，最近几年，甚至连管理人员、企业家、传统企业的工作人员也开始采纳麦基的观点，但他们同电影业唯一的联系，无非就是买张电影票和一桶爆米花去看场电影，那么为什么这些人要听取麦基的建议呢？

我们来看看脾气暴躁的大师自己是怎么看的：

> 尽管商人往往对故事持怀疑态度，但事实上，统计数据也总是具有欺骗性的，而会计报表也往往只是舞会礼服上的装饰。如果一个商人明白，人类的大脑总是本能地把各种经历编成故事，那么他就会知道，打动观众的关键，不是抵制这种冲动，而是接受它。

● 打动消费者的关键是故事 ●

各个企业已经渐渐认识到，**故事力就意味着金钱**。据经济学家迪尔德丽·麦克洛斯基（Deirdre McCloskey）和阿加·克莱默（Arjo Klamer）的统计，广告、咨询等说服性业务占美国国内生产总值的 25%。有些人假设，如果这些说服性业务中有一半都包含故事力的话，那么故事力每年为美国经济创造的价值就是 10 000 亿美元。因而，各个机构正逐渐接受这个深受麦基和很多人拥护的故事伦理，但其方式也往往十分出人意料。

最明显的例子是一个叫作"组织讲故事"（Organizational Storytelling）

的新型运动。这一运动的目的是使各个组织意识到存在于组织内部的故事，然后利用这些故事来实现自己的目标。该运动的发起人之一是澳大利亚的史蒂夫·丹宁（Steve Denning）。

全新思维案例

史蒂夫·丹宁起初在悉尼做律师，后来成为世界银行的一名中级管理人员。他说："我是个倾向于用左脑思考的人，大型机构往往喜欢这种类型的人。"

后来有一天，世界银行进行了重大调整，他被迫离开自己钟爱的岗位，被派往冷冷清清的知识管理部门，负责公司大量信息的处理工作。就这样，丹宁成为这个部门的最高领导。

起初他对该部门进行了一场变革，但在内心他对这一职务非常不满（听起来有点像是"英雄的旅程"，对吧？）。在试图弄明白世界银行的哪些知识需要管理时，丹宁发现，他从人们的交谈中学到的东西比看银行的官方文件和报告学到的东西还要多。这就意味着，要想真正成为世界银行的最高知识领导，他就决不能只局限于自己在职业生涯前 25 年所学到的左脑思维方式。因此，他率先用故事来传达知识，使世界银行成为知识管理的带头人。

他说："故事化并不会取代分析型思维，它能让我们从新的视角看待问题，让我们看到一个不同的世界，它是分析型思维的有益补充。用贴切的故事来解释抽象的分析，更加有易于理解。"现在，丹宁正在向遍布世界各地的企业讲述自己的故事，传播这一理念。

丹宁并不是唯一一个发掘故事商机的人。3M 公司就为其高层管理人员开设了讲故事培训班；美国国家航空航天局（NASA）也开始将故事用于其知识管理方案；施乐公司认识到，维修人员通过讲故事的方式互相交流经验、学习维修方法，而不是通过看维修手册，于是公司收集了很多故事并组建了一个叫作"尤里卡"（Eureka）的经验数据库。据《财富》估计，对施乐公司而言，该数据库的价值可达 1 亿美元。除此之外，专门帮助公司有效利用自身故事的企业也相继成立。其中一家公司是 StoryQuest，总部设在芝加哥。它会派人来到客户公司，把公司员工讲述的内容都记录下来，并制作成 CD，以帮助公司建立文化认同和达成使命。

在英国，理查德·奥利维尔（Richard Olivier）也针对如何将故事力运用到各大公司的业务上，给出了一些建议。理查德·奥利弗是著名电影演员劳伦斯·奥利维尔（Laurence Olivier）和琼·普罗莱特（Joan Plowright）的儿子，曾是一位莎士比亚戏剧导演，他将自己采用的技巧称为"神话戏剧"。演员在阅读或演出莎士比亚戏剧的时候，可以学到一些领导能力和公司管理能力。奥利弗说："单靠逻辑分析能力再也不

> **名词解释**
>
> **组织讲故事：** 一个功能强大的管理工具，是 21 世纪的关键领导力。知道如何有效地传达一个恰如其分的故事，是具备高超的沟通技能的要求，也是提升个人和组织影响力的有效方式。企业可以通过内含于故事中的理解、信念和激励，将员工与组织战略紧密联系在一起。

能保证成功了。"要成为一个成功的商人，一定要学会把会计学和金融学同讲故事的艺术结合起来。

人们很容易拿一个自诩是古罗马皇帝的采购经理开玩笑。10年前，"故事力"这个词本身，可能就会使某个人成为公司主管们的笑料。但是现在，曾经发展缓慢、拒绝改变的大型机构也开始重视故事力的管理价值，这就再次证明了故事力的重要性。惠普技术专家、施乐帕洛阿尔托研究中心联合创始人艾伦·凯（Alan Kay）曾说："通常，我们在会议室里所做的讨论都比较肤浅。其实，我们都只是手提公文包的穴居人，热切盼望着某个智者会给我们讲个故事。"

● 听众的心灵才是你必须瞄准的"靶心" ●

故事力对商业界还有另外一个重要影响。像设计感一样，故事力也日益成为个人和产品或服务在竞争激烈的市场上脱颖而出的重要途径。接下来，为了更好地解释这一现象，我将讲述几个我个人经历的故事。

第一个例子来自邮件。我家在华盛顿西北部，现在这里正处在新旧住户的交替之中。几十年前买了房子、养育了一代儿女的人们已经陆续退休，要离开这里。同时，有孩子的年轻夫妇又都想搬过来，因为这里生活很便利。如此一来，想要买房的人就远远多出了想要卖房的人，所以房价一直在上涨。于是，为了再诱使几个老人动身搬出去，房地产经纪人频繁地向各家发明信片，吹捧自己最近一次出售类似的普通房子时所卖到的天价。但是有一天，我收到一张十分与众不同的明信片，起初我还差点儿把它丢进垃圾筒。

全新思维案例

> 明信片的一面是张普通的照片，照片里是这个房地产经纪人刚出售的一套房子，这套房子距离这里只有几个街区。但是另一面不是关于售价的说明和常见的一排惊叹号，而是这样的：

> 弗洛伦斯·斯克瑞特维兹和她的丈夫在 1995 年花 20 000 美元买下了这栋房子。房子很漂亮，其中很多细节之处他们都特别喜欢，比如经久耐用的橡木地板、铅条镶嵌的玻璃窗、门周边的橡木框、古老的英式壁炉架以及花园里的池塘。弗洛伦斯在 91 岁时搬到了布莱顿花园小区，所以她的邻居兼世交费尔南德斯姐妹委托我出售这栋珍贵的房子，对此，我感到非常荣幸。弗洛伦斯让我们把房子清空，重新修葺了地板，擦洗了窗户，里里外外都刷新了一遍。

> 现在，请腾出一点时间热烈欢迎这栋房子的新主人斯科特·德雷瑟和克里斯蒂·康斯坦丁吧！他们非常喜欢这栋房子并打算一直住在这里。

明信片中没有提到房子的销售价格。乍一看，好像是个疏忽，但实际上是概念时代一个巧妙的营销策略。房子的售价很容易找到，比如在报纸上、互联网上或从邻里的闲谈中。况且，这里的房子大同小异，所以价差不会很大。因此，尽管房地产经纪人孜孜不倦地一直发明信片，人们还是很怀疑单凭一张炫耀售价的明信片是否足以说服卖家同他签订委托合同。对于卖家来说，出售一栋已经居住了半个世纪之久的房子，已经不仅是一个财务决策，也是一个情感决策。那么，除了讲故事以外，难道还有什么方法可以更好地建立高感性联系吗？还有什么方法可以让她的明信片有别于竞争对手吗？

我们再举一例，来看看在物质财富充裕的时代，故事所起的作用。一天下午，我打算在超市买几瓶酒。这里的酒非常不错，可是供选择的种类有限，一共才 50 瓶。很快，我的目光就集中在三种相对便宜的红酒上。这三种酒的价格相差不大，都是每瓶 9 美元或 10 美元，质量也不相上下。要怎么选呢？猜猜我买了哪种酒？

全新思维案例

我看了看这些瓶子。其中两瓶用了一些形容词来称赞酒的品质，而 Big Tattoo Red 红酒却讲述了一个故事。

该酒的创意起源于埃里克·巴塞洛茂斯和亚历克斯·巴塞洛茂斯两兄弟。他们打算销售一种高档酒，向已故的母亲致敬，她因癌症离开了人世。亚历克斯负责酿酒，埃里克负责绘制标签图案。兄弟俩会从每瓶售出的 Big Tattoo Red 酒中抽出 50 美分，以母亲莉莉安娜·巴塞洛茂斯的名义捐献给北弗吉尼亚临终关怀医院的癌症研究中心基金会。由于大家的大力支持，我们已经从第一批销售的红酒中捐献了大约 75 000 美元，并希望将来能够捐出更多。埃里克和亚历克斯感谢您购买这瓶为纪念母亲而酿造的酒。

学会倾听患者的故事

巴里·洛佩兹
美国国家图书奖得主、
《北极梦》作者

如果有人给你讲故事，一定要认真听。在必要的时候你也可以讲给别人听。有时候，让人生存下去的不是食物，而是故事。

现代医学就是一大奇迹。强大的机器能让我们看到身体内部是如何运转的，比如扫描大脑的功能磁共振成像仪。新研发的药物和医疗设备拯救了很多人的生命，也使人们的身体素质得以改善。但这些惊人的进步也往往会弱化医疗关怀——尽管医疗关怀也同样重要。纽约石溪大学医院医生杰克·库里汉（Jack Coulehan）说，医疗体系"完全无视患者的故事"，不幸的是，医学将逸闻趣事视为低等科学。也许你也曾有过类似的亲身经历。

比如，你正在医院候诊。医生进来后，有两种现象几乎肯定会出现：一种是你开始讲述自己的病情，另一种就是医生会打断你。20年前，当研究人员录下医生和患者在检查室的对话后发现，医生一般在21秒之后打断患者。最近，又有一些研究人员做了同样的研究，结果显示，医生有了一些改进，现在他们会在23秒后打断患者。

● 让人生存下去的不是食物，而是故事 ●

然而，这种医疗方法也许正在发生改变。这在很大程度上要归功于丽塔·卡伦（Rita Caron）博士。丽塔·卡伦是哥伦比亚大学医学院教授，目前正致力于尝试将故事力置于诊断和治疗的中心。卡伦年轻时在一家医院工作，是一名内科医生，当时她有一个惊人发现：作为医生，她的大部分工作都是围绕故事展开的。患者叙述自己的病情，医生再叙述自己的诊断。除了不会出现在医学院的课程表里或医生们的意识中，叙述无处不在。所以，卡伦在攻读医学博士的同时还攻读了英语博士，开始致力于医学教育的改革。2001年，她在《美国医学会杂志》（*Journal of the American Medical Association*）上发表了一篇文章，在文章中她号召发起一场叙事医学运动，呼吁医疗界要采用全新思维方式：

> 从科学角度看，药物对治疗十分有效。但是单靠药物是不能帮助患者解决健康状况下降的问题，也不能帮助他们发现忍受病痛的意义。除了医疗诊断能力，医生还需要倾听患者对病情的陈述，领会并尊重其中的含义，并为患者的康复而努力。

今天，在哥伦比亚大学医学院，所有二年级学生除了要学习核心的医学课程外，还要学习叙事医学。他们要学会如何更感性地倾听患者对病情的陈述，如何更敏锐地"阅读"这些故事。这些年轻的医生不再问一些像电脑上那样的诊断性问题，他们的问题更广泛，从以前的"你哪里疼"转变为"给我讲讲你的生活情况吧"。叙事医学课程的目标是培养共情力，因为研究显示，学生在医学院待的时间越长，他们的共情力就越差。熟悉病情可以让年轻的医生更充分地了解患者，了解患者的生活背景，这样就能更好地评估患者当前的身体状况。卡伦说，要想成为一名优秀的医生，需要掌握叙事能力，即"理解、解读故事并对此作出反应的能力"。

一直以来，左脑思维都备受青睐，但现在将右脑思维方式与之相结合已成为一大趋势，而叙事医学就是表现之一。15年前，美国医学院中大约只有1/3的学校开设了人文课，但今天已达到3/4。纽约市一所著名的公立医院表维医疗中心发行了自己的文学期刊《表维文学评论》（*Bellevue Literary Review*）。同时，哥伦比亚大学医学院、宾夕法尼亚大学医学院和新墨西哥大学医学院也都发行出版了自己的文学刊物。《表维文学评论》主编丹妮尔·奥弗里（Danielle Ofri）博士，要求年轻的学生们至少写一篇叙述患者人生经历的文章,而且要从患者的角度来写。奥弗里说:"这和作家的做法是一致的。我们教给他们与患者沟通的技巧,借此培养出有善心和共情力的人。"

当然,这并不是说叙事能力可以取代专业的医学技能。如果一个医生只顾着动情地倾听患者的陈述,却忘了测量血压或开错了处方,那他从医的时间肯定也不会长久。但是,卡伦的方法可以帮助年轻的医生们在工作中融入更多的情感(在第 7 章我会对共情力做详细介绍)。

全新思维案例

卡伦的学生们都用两个记录册来记录每个患者的情况。一个同普通的医院手册一样,记录的是各种数据和医学术语;而另一个,卡伦称之为"并行手册",用来记录患者的陈述和自己的感受。

最先测试该方法有效性的研究表明,有"并行手册"的学生要比没有的学生更能建立良好的医患关系,能更好地同患者进行交流,同时其医疗技能也更好。可是单靠故事并不能治愈疾病,但如果同现代技术相结合,故事无疑会具备治疗功能。

医学的未来也许是这样:医生既有缜密的思维,又能与患者产生共鸣,既能分析检查结果,又能领会病人的陈述,总之医生将拥有全新思维。

我们每个人都有自己的故事,会把自己多年的经历、思想和情感浓缩成几个故事,讲给自己或别人听。人们一直以来都是这样。然而在物质财富充裕的时代，会有更多人有更多机会可以进一步发现自我、探寻人生的意义，因此，个人故事会更加普遍，对它的需求也更加迫切。

故事并不仅是房产经纪或医生所采用的一个手段，而且是一种左脑所不具备的理解方式。在很多地方，我们都可以通过故事看到人们是多么渴望了解自我的，比如非常流行的"剪贴簿"和日益风行的家谱。人们利用剪贴簿把生活片段组合成一个故事，来告诉世界或自己他们是谁以及他们是什么样的人；还有上百万人在利用网络搜索、梳理自己的家族历史。

这一切都表明了我们的一种渴望：我们渴望情感化的环境，渴望进一步了解自己是如何适应它的以及它为什么如此重要。概念时代提醒着我们，一定要倾听别人的故事，每个人都是个人生活的策划者和设计者。这个观点一直都是正确的，只是鲜有人真正奉行不悖。

成为故事大师

写迷你小说

写作不是一件容易的事，写短篇小说更是难上加难。创造一部小说、一个戏剧或一个剧本需要几年的时间。所以，为方便起见，你可以写迷你小说。迷你小说很短，只有100字左右，不多也不少。但是，像所有的小说一样，迷你小说也有开头、中间和结尾。伦敦《电讯报》曾赞助过一项年度迷你小说大赛，结果表明，一个人完全可以在短短100个字里融入万千创意。试着写一篇迷你小说，这将十分有趣。以下是两篇优秀的例文，或许能勾起你的写作欲望。

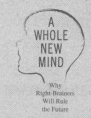

全新思维工具箱

《生活》

作者：简·罗森堡，英国布赖顿市

乔伊家有五个孩子，他排行老三。16岁时，他离开家周游全国，后来在诺丁汉成家立业。夫妻二人轮流上班，孩子也让他们操碎了心，但生活总是入不敷出。有时，他甚至想不顾一切抽身离去，但他知道，她只有一年的时光了，而她自己却毫不知情。

《如此真实的梦》

作者：帕特里克·福赛斯，英国莫尔登市

他和朋友一起过夜。睡觉时做了一个十分真切的梦：一个小偷破门而入，拿走了屋里的一切，然后又小心翼翼地摆上了完全一样的复制品。

"我感觉特别真实。"早上他对朋友说。

朋友们十分震惊，也十分不解，他们说："可是你是谁？"

记录彼此的故事

在纽约中央火车站中心有一个奇怪的正方形小屋，叫作"故事屋"，其实是个小型录音棚。如果你在纽约，就应该去看一看。花 10 美元就可以在里面待一个小时。如果你想要听或记下某个人的故事，如 90 岁高龄的曾祖母、滑稽古怪的泰德叔叔或是大街上某个神秘的人，就可以来这里录制一份广播节目式的访谈。这就是故事团（Story Corps），一个全国性的大项目，其目的是"引导和鼓励美国人用声音记录下彼此的故事"。这一项目的创意，来源于麦克阿瑟研究会会员戴维·伊赛（David Isay）。

19 世纪 30 年代，公共事业振兴署（WPA）成立了"口述历史"项目，之后这一项目也开始落实。故事团的档案室设在美国国会图书馆民俗中心，所有搜集的故事都会在这里存档，以便后人查阅。但如果想要参加这个项目，不必亲自去中央火车站，甚至不用去纽约。故事团网站提供了一些辅助工具，你可以自己照着做。

该项目组织人员称："故事团颂扬的，是我们都具备的人性以及集体认同感，它将那些把我们紧密联系在一起的故事保留下来。从中我们可以发现，对朋友、邻居或家人的采访能对采访者和被采访者产生深刻的影响。我们看到人们发生了改变，友谊更深厚，家人更亲密，彼此更了解。说到底，倾听是充满爱的行为。"

学会使用录音机

如果你认为故事公司太复杂，可以采用其他简便的方法。找一个亲友，让他坐下，再打开录音机，然后问一些关于他生活的问题。你和你的伴侣是怎么认识的？你的第一份工作是什么？你第一次在外面过夜是什么时候？你见过的最不称职的老师是谁？生命中最开心的一天是哪一天？最伤心的是哪一天？最可怕的又是哪一天？你做过的最正确的决定是什么？你会对这些故事感到大为惊奇，然后激动地记录下来，或许还会与别人分享。

参加故事节

世界上的故事丰富多彩，讲故事的人也形形色色，各地举办的故事节也越来越多。参加故事节，不失为搜集故事的一大好方法。故事节一般举办两到三天，几百人欢聚一堂，登台讲述各自编排的故事。有些人在一片不屑声中一败涂地，但你也会碰到一些很棒的故事，或优秀的讲故事的人。以下是六个最成功的故事节：

1. 国家故事节（National Storytelling Festival）
美国故事节的鼻祖，每年都有 1 000 多人参加。
地点：美国，田纳西州，琼斯伯勒

时间：10月

2. 育空国际故事节（Yukon International Storytelling Festival）

该故事节在春天阳光灿烂的日子里举行，已经持续了十几年，讲故事的人主要来自极地地区，如育空、格陵兰岛和冰岛，这也成为该故事节的一大特色。有些人会用濒临灭绝的本土语言来讲，以便使其继续传承下去。

地点：加拿大，育空，怀特霍斯

时间：6月

3. 湾区故事节（Bay Area Storytelling Festival）

一个周末户外故事节，是美国西部最盛大的节日之一。

地点：美国，加利福尼亚州，埃尔索布兰特

时间：5月

4. 数码故事节（Digital Storytelling Festival）

这是一场盛大的聚会，很多人以电脑或其他数码设备作为辅助，讲述扣人心弦的故事。该故事节的发起人，是倡导用数码设备讲故事的戴纳·阿奇力（Dana Atchley），但他却不幸早逝。

地点：美国，亚利桑那州，塞多纳市

时间：6月

5. 开普可利岛国际故事节（Cape Clear Island International Story-telling Festival）

其举办地位于爱尔兰最南端的一座岛屿，每年都会吸引世界各地的人们前来参加。大部分故事都是用英语讲的，但也有些是用爱尔兰语讲的。

地点：爱尔兰共和国，开普可利岛

时间：9月

6. 分享火种新英格兰故事大会(Sharing the Fire, New England Storytelling Conference)

美国最古老的地区性节日之一，每年都会吸引美国东部最优秀的讲故事的人前来参加。

地点：美国，马萨诸塞州，剑桥市

时间：9月

复述开篇句

"请叫我伊什梅尔。这并不是我的真名。"但是作家赫尔曼·梅尔维尔著名的"开篇句"的确有助于提升你的叙事能力。首先，拿一本书或杂志，在其中一句话下面画一条线，然后根据该"开篇句"编一个故事。或者你还可以让别人给你一个开篇句，然后以此为基础即兴编一个故事。你还可以将其发展为小组活动。每人都在索引卡上写一句话，然后把这些卡片放入一个帽子里。接下来，大家轮流抽卡片，并以卡片上所写的那句话为开头现场讲一个故事。如果是在商业圈，你可以将这个小游戏用于构思某个产品、服务或描述你在公司的某段经历上。可是，开篇句的选择多少有点随意，但就是这样随意的一句话是如何引出扣人心弦的故事的呢？这个以故事为中心的临场发挥方法，也许能帮助你捕捉到潜藏在右脑中的大思想。

用图片激发你的故事灵感

除了文字，还可以用图片激发你的故事灵感。从报纸、杂志甚至是积满灰尘的鞋盒上选择一张图片，然后编一个故事来讲述图片里发生的事情。

你要给自己增加一些挑战，不能只描述图片里明确显示的东西，还要说出其"背后的故事"，即图片里没有显示的东西或起初并不明显的东西。博物馆或博物馆网站上展示的各种艺术品和摄影作品就是丰富的题材来源。

利用数码设备讲故事

故事是一门古老的艺术，同其他所有艺术一样，可以利用现代工具加速其发展。数码相机、低价的音频和视频编辑软件、PS 图像处理软件以及光盘刻录机，使我们每个有故事可讲的人都可以将其用图片和声音记录下来。了解这些技术的一个好地方，是年度数码故事节上举办的故事训练营。我本人就参加过这个训练营，绝对物有所值。数码故事中心还开设了相关的课程，并提供了很多背景材料。要想见识其他推动故事迅速发展的技术，你可以浏览网上故事社区，如"故事竞赛"（the Fray）、"城市故事计划"（City Stories Project），以及记录童年时代有趣信念的"我曾相信"（I used to Believe）。

问问自己："这些人都是谁？"

你有没有遇到过这样的情况：在大型公共场所如机场、购物中心、电影院或体育场，你环顾四周，心想这些人都是谁？下次再碰到这种情况，不要只提出这个问题，还要作出回答。给身边的其中两个人编个故事。他们是谁？叫什么名字？他们是同事吗，还是情人，兄弟姐妹，或者仇敌？他们为什么会在这里？他们接下来要去哪里？如果你是和朋友一起出去的，你们可以共同选择几个人，然后各自设计自己的故事，做一个比较。你的朋友强调了，而你却忽略的东西是什么？你集中关注而他们甚至没有看到的细节是什么？

即使对同一信息，不同的人也会根据自身的生活经历给出截然不同的理解。这个小游戏有助于挑战假设、突破常规，促使你在与家人、朋友和同事的交往中创造出更多的故事。即使除此之外别无它用，至少还可以给你在等公车的过程中增加一些乐趣。

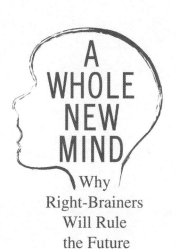

A
WHOLE
NEW
MIND

Why
Right-Brainers
Will Rule
the Future

06 交响力
发现系统与整合之美

"发明第一个车轮的人是个白痴，而发明其他三个车轮的人却是一位天才。"不要"只见树木，不见森林"，所有成功的企业家都擅长系统思维。

图 6-1 中的人就是我。可这并不是真正的我，只是我的一幅画像，而且是我自己画的。画得非常糟糕，对吧？看那两个鼻孔是怎么了？唉，什么也别问了。

图6-1　我的自画像一

我一直都不擅长绘画，终于有一天，我决定去学习一下。但我并没有报通常的美术培训班，而是选择了一种本书所倡导的方式：像艺术家一样思考。这一方法是贝蒂·艾德华首先提出来的，并在其同名书中做了解释。图 6-1 中的自画像就像减肥广告里减肥前的照片，这是我在上课第一天，老师还未开始授课的那一天画的。5 天后，我的绘画水平已经有所改进，稍后你就会看到。在这一过程中，我学到了很多关于接下来要谈的高概念能力。

不要"只见树木，不见森林"

> 精通某一领域已不再是成功的保证，今天，能取得最大回报的，是那些在迥然不同的领域也能游刃有余的人。

我把这一高概念能力称为交响力，是把独立的要素组合在一起的能力。它是一种综合能力，而不是分析能力；是发现看似无关的领域之间联系的能力；是识别大模式，而不是解答某个具体问题的能力；是把别人都认为无法匹配的因素组合起来，得出某种新观点的能力。交响力也是大脑右半球在文字比喻意义方面所体现的一个特征。在第 2 章我已阐明：利用功能磁共振成像技术所进行的神经学研究表明，右脑的运作是同步的、交响式的，而且需要情境的参与。它所关注的不是某棵树而是整片森林，不是哪个巴松管演奏者或首席小提琴手，而是整个乐团。

交响思维是作曲家和指挥家所具备的显著能力。他们需要将各种不同的音符、乐器和演奏人员组合在一起，演奏出和谐、悦耳的乐曲。这也是企业家和发明家需要具备的能力。但在今天，交响力已成为人们不可或缺的基本能力。究其原因，还要追溯到推动我们走出信息时代的三大力量。

- 首先，很多知识工作者曾从事的常规分析工作已经自动化。

- 其次，也有大量常规工作正在向亚洲转移，因为这里成本更低，完成得也同样出色。这就使专业人员可以从事或被迫从事如下工作：模式辨别、超越常规发现事物隐藏的关联，以及展开大胆的想象等，但电脑和工资更低的外包知识工作者要做到这些就比较困难。

- 最后，在这个信息过量、个人选择充裕的世界，即便是普通职员，在个人生活中也越来越重视交响力。现代生活的选择和刺激因素过多，因而在追求个人满足时，能综观全局、辨别本质的人会有明显的优势。

绘画，提升交响力的最佳方式

> 最具影响力的创意，只是把别人认为无法合并的两个想法结合在一起。有突破性想法的人，一般都具备跳跃性思维。

理解和提升交响力的最佳方式之一就是学习绘画。但正如那张自画像所示，这完全不是我所擅长的。

在第一次上绘画课的那个上午，我们首先学习了绘画的精髓，然后在接下来的 5 天内，布莱恩·博美斯勒（Brian Bomeisler）都在反复强调说："从很大程度上来说，绘画是一门有关联系的艺术。"

博美斯勒是我的绘画老师。班上除了我之外还有其他 6 个人，我们来自美国各地，其中有一名是来自加那利群岛的律师，还有一名是来自新西兰的药剂师。博美斯勒老师在纽约是一位享有盛名的杰出画家，他会教我们贝蒂·艾德华在《像艺术家一样思考》一书中所谈到的绘画技巧。我们的教室是位于索霍区的一个6层阁楼，里面挂满了他的画作和其他尚未完成的作品。他就是贝蒂·艾德华的儿子，从事绘画培训已经有20年时间了。

博美斯勒和母亲一起创办了这个为期5天的绘画班。和母亲一样，他也相信绘画是一门关于观察的艺术。他说："让你感到困难的，是对事物的准确描述。"为了让我们信服这一观点，也为了测试一下我们的绘画水平，他让我们在一小时内完成一幅自画像。我们撑起小镜子、打开大大的素描簿开始画。我最先完成，但博美斯勒认为我完全是在胡写乱画，他把我直接定义为一个体重达180公斤、决心减肥的人。他说，我还有很长的路要走，但是情况还不是非常糟糕，也许还会有所改善。

博美斯勒一边眯着眼睛看着我的画，一边指出问题所在：我没有把自己看到的东西画出来，画的只是"从小时候就记得的一些图画符号"。我又看了看那幅自画像，立即就明白他指的是什么了。

> 我的嘴唇实际上不是这个样子，也没有人长着这样的嘴唇。我画的只是象征嘴唇的图形符号，事实上这个符号来自我童年时代的记忆。那两片用铅笔勾勒出来的嘴唇看起来特别像是Magikist的标志（见图6-2）。小时候，我们一家人会开车去芝加哥看望爷爷奶奶，这个符号很可能就是在那条州际94号公路上看到的。从某种程度上来说，我只是用现代的象形文字将"嘴唇"描了下来，并没有真正地观察、分析它是如何同整个面部搭配在一起的。

图6-2　Magikist标志

第一天上课快结束的时候，博美斯勒拿出了一幅毕加索的素描画，让我们临摹。在此之前，他让我们把这幅素描先倒过来，这就"看不出要画的是什么了"。其目的是用来迷惑左脑，让右脑发挥作用。当左脑还在云里雾里时，右脑就可以自由地去辨认事物之间的联系，将这些联系整合成一个整体。学习绘画的诀窍正在于此，同样，掌握交响力的关键也在于此。我的自画像之所以看起来十分怪异，原因之一就是各个部位之间的联系有偏差。在这个过程中，我们7个人学到了，或者说观察到了：从眼睛的中线到下巴底部的距离，和到头顶的距离是相等的。而我却弄得一团糟，把眼睛画得太高了，因而整幅画也就变形了。

博美斯勒跟国际著名投资大师吉姆·罗杰斯先生一样性情温和。在绘画练习时，他会静静地在教室里来回踱步，并时不时地给我们一些鼓励。他轻声地说："我是来帮助你让左脑安静下来。"第二天，他给我们讲解了画画时的负空间，即画像中间或周围的空间，并举了一个联邦快递标志（见图 6-3）的例子。

图6-3　联邦快递标志

请注意"E"和"x"之间的空间，发现那是一个箭头了吗？这就是负空间。后来，我们又给班上的同学画肖像。首先，我们先在一张画纸上轻轻地描，然后再擦掉不属于主体轮廓的部分。博美斯勒说："负空间是一个非常有效的绘画工具，是学习绘画的一大诀窍。"

在之后四天的培训中，我们以很多人从未注意到的方式学习了如何观察因素之间的联系，如空间和负空间、光线和阴影以及角度和比例。我们画了放在桌子上的工具、手上的皱纹以及工作室角落里的阴影。在整个学习过程中，博美斯勒不断重复："从很大程度上来说，绘画就是一门有关联系的艺术。"综合各个要素，就会创造出一个全新的整体，这就是绘画。因此，我们不断进行发现联系的练习，终于迎来了最后一个下午。那天下午，我们要把最新的理解融入画作当中——再画一张自画像。

名词解释

交响力： 把各个独立的要素组合在一起的能力。它是一种综合能力，而不是分析能力；是发现看似无关的领域之间联系的能力；是识别大模式，而不是解答某个具体问题的能力；是把别人都认为无法匹配的因素组合起来，得出某种新观点的能力。

交响型人才的 3 大类型

特雷弗·贝里斯
英国著名发明家、发条
式收音机发明者

成功的秘诀在于，敢于提出打破传统的想法。传统是进步的天敌。只要比普通人多一点洞察力，就能有所发现。

和绘画一样，交响力从很大程度上来说也是一种联系。在概念时代，人们要谋求发展，就得弄明白各种看似无关的事物之间的联系，必须善于推理，从一件事推导出另一件事。此外，人们还要善于运用比喻，用彼物来看待此物。换言之，有三类人在这个时代会有更好的机遇：跨领域的人、发明家和善作比喻的人。

● 跨领域的人 ●

当今时代最流行或许也是最重要的东西是什么？多元化！我们从事的工作要求我们能同时处理多项任务，我们生活的社区有着多元文化，我们的娱乐活动也离不开多媒体。以前，只要精通某一领域就可以取得成功，但是今天，能获得最大回报的，是那些在不同的领域也能游刃有余的人。我把这些人称为"跨领域的人"。他们具备多个领域的专业知识，会说多种语言，并在丰富的人生体验中找到自己的乐趣。他们过着多元化的生活，因为这样的生活更加精彩，更有成效。

跨领域的人是像安迪·塔克（Andy Tuck）这样的人。安迪·塔克是一位哲学教授，同时也是钢琴家，他运用自己在不同领域学到的技能来经营管理咨询公司。

公司职员中有格洛里亚·哈特－哈蒙德（Gloria White-Hammond），他是来自波士顿的一名牧师兼儿科医生；托德·麦克弗（Todd Machover），他是一位歌剧作曲家，同时也制作高科技乐器；简恩·巴恩斯（Jhane Barnes），她在数学方面的专业知识对其复杂的服装设计产生了重要影响。

芝加哥大学心理学家米哈里·希斯赞特米哈伊，创作了两部经典著作：《心流：最优体现心理学》（*Flow: The Psychology of Optimal Experience*）和《创造力：心流与创新心理学》（*Creativity: Flow and the Psychology of Discovery and Invention*），他曾研究过具有创造力的人物的生活，发现"创造力一般都与跨领域有关"。最具创造力的人，能够看到被其他人所忽视的联系。这一能力在当今世界是难能可贵的。因为专业知识工作可以迅速淡化为常规工作，并逐步转向外包或趋于自动化。

设计师克莱门特·莫克（Clement Mok）说："未来 10 年，需要人们具备跨领域的思考和工作能力，探索完全有别于自己专业的新领域。他们不但要处理不同领域的工作，同时还要发现其中的机遇并找到它们之间的联系。"

比如，计算机工作的外包将带来一种新的需求，即对能够处理东方编程人员和西方客户之间关系的人才的需求，他们既要通晓计算机技术这一硬科学，又要精通销售和营销这一软科学，还要能够灵活地周旋于不同的（有时甚至是敌对的）人群之间，他们通常能解决令专家都备感困惑的难题。麻省理工学院教授尼古拉斯·内格罗蓬特（Nicholas Negroponte）说："**很多工程学上的僵局都是由根本不是工程师的人打破**

的。因为思考问题的角度比智商更加重要，有突破性想法的人一般都具备跳跃性思维。一般而言，那些拥有广阔背景、多学科思维以及丰富个人经验的人，才会具备这一能力。"

精通多个学科的人不会接受那种非此即彼式的选择，他们总是设法想出多个选择以及各种不同的解决办法，从事多个不同的工作，并拥有不同的身份，因而，他们的生活丰富多彩。比如奥马尔·沃索（Omar Wasow），他出生于内罗毕，是有着德国犹太血统的非洲裔美国人，他是一个企业家，也是一个政策专家，同时又是一个电视评论员。现在，已经有越来越多的大学生在攻读双学位，跨学科的大学院系也大量涌现，这很好地解释了对此类人才需求的增加。

希斯赞特米哈伊还发现了跨领域人才的另一优势：他们往往会打破对男女角色的传统定义。他发现："年轻人关于阳刚或者阴柔度的测试显示，天资聪慧、有创造力的女孩比其他女孩更具支配欲、更坚强，而具有创造力的男孩比其他同龄男孩更敏感、更随和。"希斯赞特米哈伊称，这将赋予他们某些独特的优势。"事实上，心理上兼具两性特征的人反应能力会更强，他们有更多各种各样的机会同世界进行交流。"

换言之，正如塞缪尔·泰勒·柯勒律治200年前所说的，"伟大的思想家都兼具两性特点"，而今天，跨领域的人也正在提醒我们这一道理。

● 发明家 ●

20世纪70年代，好时食品公司推出了一系列幼稚的电视广告，这些广告无意之中透露了右脑思维的重要性。

全新思维案例

> 有一则广告是这样的：一个人迈着轻快的步伐、嚼着一根巧克力棒，还有一个人也在漫不经心地走着，嘴里吃着花生酱，之后两人突然撞了一个满怀。
>
> "嘿，你把花生酱弄到我的巧克力上了。"一个人抱怨道。
>
> "你还把巧克力弄到我的花生酱上了呢。"另一个人回应说。
>
> 随后，两个人都尝了尝自己手中的东西。让他们感到意外的是，这味道美极了，简直是一大杰作。然后，一个声音说道："瑞茜花生酱杯（Reese's Peanut Butter Cups），两种美味合二为一，味道棒极了。"

右脑思维型的人能够理解这种将甜食交融的思考逻辑。他们有一种直觉，即我所说的"瑞茜花生酱杯创新理论"：有时候，最具影响力的创意，只是把别人认为无法合并的两个想法结合在一起。以约翰·费伯尔（John Fabel）为例，他喜欢运动，酷爱滑雪，但是背包带总把他的双肩勒出淤青来。有一天，在去纽约的途中他路过布鲁克林大桥，忽然来了灵感。他将吊桥的工作原理运用于传统背包，设计出了一种款式新颖、更易携带的背包，就是现在非常流行的依科特克（Ecotrek）背包。这就是认知学家吉尔斯·福克尼尔（Gilles Fouconnier）和马克·特纳（Mark Turner）所说的"概念整合"过程。

创造源于右脑。美国的德雷塞尔大学和西北大学的认知神经系统科学家发现，大脑右半球在人们想到解决办法、灵感来临时神经活动异常活跃。然而，当我们中规中矩地以左脑思维方式思考问题时，"尤里卡中心"（Eureka center）却十分平静。

在信息时代即将离我们远去的今天，激活这一右脑能力显得更为迫切。现在创新转化为产品的过程十分迅速，因此个人或企业一定要持之以恒，把重点放在创新之上，尽管创新也导致了外包和自动化。这就需要人们有魄力，敢于进行大胆、创新式的整合，并敢于犯错，因为在追逐灵感的过程中，犯错是不可避免的。

幸运的是，人人都具备创造力。英国发明家特雷弗·贝里斯（Trevor Baylis）以前曾是一名特技演员，他发明了一种发条式收音机，不需要以电池或电作为动力。他曾说过："发明并不是什么高深莫测的魔法，其实每个人都可以实现。"大多数发明和创新，都是通过将已有的想法以全新的方式组合在一起而得来的。在概念时代，那些致力于开拓交响力的人将脱颖而出。

● 善作比喻的人 ●

假设有一天你的上司对你说："把你的耳朵借我用一下。"在第 1 章我们已经了解到，因为这句话的字面意义看起来有些恐怖，所以左脑会有点恐慌，继而会向胼胝体求助。然后右脑会安抚左脑，它会把这句话置于特定的情境之中，并解释说"把你的耳朵借我用一下"只是一个比喻。你的上司并不是真想要你的耳朵，只是想让你认真听他说话。

A
WHOLE
NEW
MIND

Why
Right-Brainers
Will Rule
the Future

全新思维

比喻，借助彼物来理解此物，是交响力的另一重要因素，但它同样未得到人们的认可。著名语言学家乔治·莱考夫（George Lakoff）说："从传统上而言，西方并没有把比喻包括在推理的范围之内。"一直以来，比喻被视为一种装饰，即用浮华的辞藻来美化那些平淡无奇或令人感到不快的词句，这是诗人或其他附庸风雅的人常用的手法。事实上，比喻是理性的核心，正如莱考夫所说：**"从很大程度上来说，人类的思维过程都是比喻式的。"**

比喻被认知科学家称为"富于想象力的理性"，掌握这一全新思维能力在这个错综复杂的世界极具价值。每当早上醒来，我们就知道这一天又要淹没在如洪水般滔滔不绝的数据和信息中了。现在，我们可以借助某些软件进行信息处理和模式辨别，但是，只有人脑才具备比喻思维能力，才能看到那些电脑无法探测到的联系。

在物质财富充裕的时代，能获得最大回报的，是那些新颖独特并引人注目的发明的拥有者，因此善用比喻的能力至关重要。以例为证。当乔治斯·德·梅斯特拉尔（Georges de Mestral）看到那些带芒刺的苍耳黏到小狗身上后，作了一番比喻式的理性推理，之后想到了维可牢尼龙搭扣这一创意，而电脑却做不到。

舞蹈设计师特怀拉·撒普（Twyla Tharp）曾写道："你发明的所有东西都是其他事物的另一种表现形式；从这个意义上而言，你发明的一切都充满了比喻。"她鼓励人们要提高自己的比喻能力（MQ），因为"在创新过程中，比喻能力和智商一样重要"。比喻式思维之所以如此重要，是因为它能帮助我们理解他人。这也是市场调研人员在对顾客的比喻式思维进行调查时，将定性研究同定量研究相结合的原因之一。

哈佛商学院教授杰拉尔德·萨尔特曼（Gerald Zaltwan）进行过一项民意调查，他让被试选择一张图片来表达他们对某一产品或服务的感觉，然后把这些图片收集在一起制成一张拼贴画。萨尔特曼由此得知消费者都是用什么来比喻身边产品的，他们把咖啡喻为"引擎"、把安全装置喻为"友好的看守人"，等等。

然而，比喻带来的好处并不局限于商业领域。当今通信技术日新月异，交通更加便利，人们的寿命也越来越长，相比以往的时代，我们可以接触到更多形色各异的人。在创建移情关系和交流经验的过程中，比喻联想至关重要，它在满足人们对意义的追求上发挥着作用，或许是最重要的作用。从根本上讲，物质享受的重要性远远不及我们赖以生存的比喻，无论你是把生活喻为一场"精彩的旅程"，还是"枯燥乏味的工作任务"。莱考夫说："从很大程度上来说，自我认识就是寻找合适的比喻以领悟生活意义的过程。"我们对比喻越了解，就越能认识自我。

能够综观全局的人胜出

| 西德·恺撒 | 发明第一个车轮的人是个白痴，而发明其他三 |
| 美国电视喜剧演员 | 个车轮的人却是一位天才。 |

在任何一支交响乐队中，作曲家和指挥都担负着各自不同的职责。他们既要协调黄铜号和木管乐器的演奏，还要协调打击乐器和提琴的声

A
WHOLE
NEW
MIND

Why
Right-Brainers
Will Rule
the Future

全新思维

音。虽然完善它们之间的协作十分重要，但这并非终极目标。指挥家和作曲家想要达到的是，协调各种乐器之间的合作，完善各自之间的关系，使整体效果优于各个乐器的总和，而这也正是决定指挥家或作曲家能否名垂千古的关键所在。要达成这一目标，就需要具备高概念的交响力。

跨领域的人、发明家和善作比喻的人都明白关系的重要性，但是概念时代还需要人们掌握关系中的关系。这一能力有很多称谓，如系统思维、完形思维或全面思维，我更喜欢简单地称之为综观全局。

名词解释

完形思维：是指人们利用已有的知识、经验、认知习惯等对事物残缺内容作补充性理解的一种思维方式。

综观全局能力的正迅速发展为商业领域的一大撒手锏级应用。过去的知识工作者所从事的任务一般都比较琐碎，他们每天要做的就是管理好自己的一小片天地，但现在这样的工作正向海外转移或精简为让强大的软件程序来做。因此，现在更重要的是整合能力，以及设想各个部分该如何有效地拼凑在一起的能力，这些能力在企业家和其他成功的商人身上体现得越来越明显，这也正是电脑和低成本的外包知识工作者难以实现的。

比如，最近一项著名的研究发现：白手起家的百万富翁患诵读困难症的概率是其他人的 4 倍。这是为什么呢？诵读困难症患者的左脑思维比较滞后，他们尤其不擅长顺序性的线性推理。但是就像盲人一般都具备敏锐的听力一样，诵读困难症患者其他方面的能力就会比较突出。

耶鲁大学神经系统科学家萨利·施威茨（Sally Shaywitz）是诵读困难症方面的专家，他曾写道："诵读困难症患者的思维和我们的不一样。他们有敏锐的直觉，擅长解决问题、综观全局以及将问题简单化……他们不擅长死记硬背，但却充满灵感且十分有远见。"

那些善于改变的人，都把诵读困难症视为自己成功的秘诀，因为这迫使他们不得不综观全局。比如发明了折扣佣金的查尔斯·施瓦布（Charles Schwab），以及重组了零售音乐和航空业的理查德·布兰森（Richard Branson），因为无法分析细节，所以他们十分擅长模式识别。迈克尔·格伯（Michael Gerber）曾对各类企业家做过一项研究，并得出了一个结论：**"所有成功的企业家都擅长系统思维。所有渴望成为成功企业家的人都需要学习如何调动系统思维，以激发其综观全局的本能。"**

很多学术研究和人们的亲身体验都显示，模式识别，即理解关系中的关系，对那些并不想创立企业的人也同样重要。

丹尼尔·戈尔曼曾对15家大型企业的管理层做过一项研究，他在研究报告中写道："仅是'模式识别'这一个认知能力，就可以将最优秀的管理人才和普通管理人员区别开来。'模式识别'这一'全局思维'使领导层能够从一堆杂乱的信息

中鉴别出有意义的趋向，从而作出长远的战略规划。"他发现，这些优秀的管理人才所依赖的不是"如果－那么"式的演绎推理，而是以情境为基础的直觉性交响力。这一改变促使典型的左脑工作者开始重新审视自己是什么样的人，以及自己所从事的工作。

比如史蒂芬妮·奎因（Stefani Quane），她称自己是"具有全局观念的律师"。她的工作是处理遗嘱、信托和家庭事务，但她不是孤立地看待这些因素，而是将其置于某种情境之下，然后思考这些法律案件和你的整个人生有着怎样的联系。

越来越多的企业开始招聘具备综观全局能力的人才。千万富翁西德尼·哈曼（Sidney Harman）领导的音响器材公司就是其中之一。他已经80岁高龄，是这家公司的CEO，他说聘请MBA没有什么价值，还不如"聘请几个诗人来担任经理。诗人是最初的系统思想家。他们对我们赖以生存的世界充满了感激之情，他们会沉思冥想，并阐释、表达自己的看法，使读者明白世界是如何运转的。诗人，是被埋没的系统思想家，是真正的数字思想家。我相信，商界未来的新领导将出自他们中间"。

当然，综观全局的重要性并不只是体现在商业和工作中，对于个人健康和社会福利来说，也十分关键。以整合医学为例，现在整合医学越来越受到人们的关注，已成为一种将传统医学同其他替代疗法、补充疗法相结合的新学科。而整体医学和整合医学也有一定的联系，它提倡治疗时应关注病人的整体身体素质而不是某一特定的疾病。这些进步以科学事实为依据，并非仅仅取决于左脑思维方式，该事实已被社会所普遍接受，其中就包括美国国家健康研究院。这些新学科打破了传统医学的还原论和机械方法，沿着另一个全新的方向发展。借用一句职业医师协会的话：这一新方向就是要结合"福利的各个方面，其中包括身体健康、环境健康、心理健康、情感健康、精神健康和社会健康，对我们自身和我们赖以生存的地球作出贡献"。

经济的繁荣和物质的财富充裕，给我们带来了各种心理困扰，也许综观全局的能力是解决这一问题的良药。我们很多人都已成为时间的奴隶，淹没在汹涌的信息洪流之中，而过多的选择也让我们变得麻木。也许解决这些问题的最佳良药是在一个大的背景下综观自己的生活状况，认清什么才是真正重要的以及什么是无关紧要的。以综观全局的眼光来审视自己的生活，是探寻意义的关键所在。

名词解释

模式识别：是指人把输入刺激（模式）的信息与长时记忆中的信息进行匹配，并辨认出该刺激属于什么范畴的过程。因此，对物体、图像、语音、符号或人脸的识别过程，即为模式识别。模式识别依赖于人的知识经验，离开个体已有的知识经验，就无法理解输入的信息的意义。

绘画班的最后一天，我们迎来了这一周的高潮。午饭过后，我们都把小镜子固定在墙上，把椅子放在离镜子20厘米远的地方，再次画起了自画像。博美斯勒提醒我们不要被镜子误导，他说："出门前我们都

A
WHOLE
NEW
MIND

Why
Right-Brainers
Will Rule
the Future

全新思维

照着镜子整理妆容。现在，把这些印象从你的脑海中清空，把注意力放在形状、光线以及各个部位之间的关系上。现在你要关注的是，此时此地你的脸是什么样子。"

吃午饭的时候，我把眼镜摘了下来换上了隐形眼镜，这样就不用画镜片投射出来的阴影了。鉴于第一张画像画得太糟糕，我决定这次要仔细画出自己看到的每一个细节。

首先从眼睛开始，我仔细观察了一番，研究它们的形状以及结构。我发现，两眼之间的距离和眼睛的长度是完全一样的。让我大吃一惊的是鼻子，部分原因是我一直都在想象鼻子是什么样的，却从未仔细观察过我脸上那个普通无奇的鼻子。所以我先跳过了这一部分，因而我的自画像中间一度是一大块空白，看起来就像是长着一个大鼻子的维纳斯。画嘴的时候，我反反复复画了9遍才画好，因为前几次画的看起来总像那个 Magikist 的标志。但是，头部的线条很快就画好了，因为我只是擦掉了周围的负空间。

让我感到惊讶的是，画板上的肖像看起来有点像我了。博美斯勒看到了我的进步，他拍了拍我的肩膀，轻声说："棒极了。"我几乎可以肯定他是认真的。在收尾的时候，我有一种很奇妙的感觉，这种感觉就像是一位惊慌失措的母亲，抬起压在孩子身上的别克车后，惊讶自己哪里来的这么大的力气。

在仔细观察了面部各个部分之间的联系，并做了全盘考虑之后，我的自画像完成了。这的确就是我（见图 6-4）。

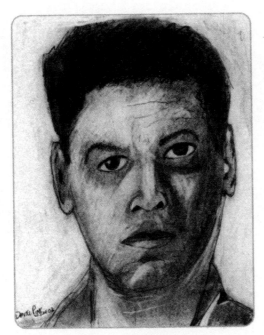

图6-4　我的自画像二

提升你的交响力

聆听伟大的交响乐

聆听伟大的交响乐是开发交响力的绝佳方法。下面是专家推荐的 5 支经典曲目。当然，由于指挥家和乐队不同，有的版本在风格、演奏方式和声音效果方面可能有所不同。

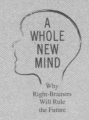

全新思维工具箱

- **贝多芬第九交响曲《欢乐颂》**——史上最著名的交响曲之一。听贝多芬的《欢乐颂》是一大享受，每次听我都会得到一些新的领悟，因为每次所处的情境都不一样，而不同的情境赋予了曲子不同的意义。

- **莫扎特第三十五交响曲《哈夫纳交响曲》**——留意一下莫扎特是如何在接近尾声时加入木管乐器，使整体效果远远超越各个部分之和的。

- **马勒 G 大调第四交响曲**——我不知道马勒的目的是不是要给人以鼓舞，但是他的第四交响曲总能激励我。

● 柴可夫斯基 1812 序曲——也许这支曲子之前你听过很多遍，里面有真正的教堂钟声和炮声。下次再听的时候，将其录下来，仔细听里面的教堂钟声和炮声是如何交融在一起的。

● 海顿 G 大调第九十四交响曲《惊愕》——要想提高交响力，你一定要保持一颗好奇心。当听这首曲子的时候，你一定会对海顿用惊愕来拓展和深化音乐的技巧惊叹不已。

逛书报亭

每当头脑一片混乱，我最喜欢做的事就是去逛书报亭。如果你想不出解决问题的方法或只是想让头脑清醒一下，那就去逛逛能找到的最大的书报亭吧。在 20 分钟内选出 10 种你从未读过且原本不可能购买的报刊。关键点是：买自己之前从未留意过的。然后找时间翻阅一下，不必把每一页都看完，只要弄明白这些报刊的内容以及读者的心理就可以了，想想这些同你自己的工作或生活有什么联系。比如，以前逛书报亭时，我曾从《蛋糕全书》(*Cake Decorating*) 中想到了一个制作名片的好点子，从《发型设计》(*Hair for You*) 中的一篇文章得出了写通讯的新思路。但请注意：当你拿着《房车生活》(*Trailer Life*)、《青少年大都会》(*Teen Cosmo*) 和《离婚杂志》(*Divorce Magazine*) 回到家时，你的爱人也许会很不开心。

学习绘画

提升交响力的另一大方法就是学习绘画。我发现，绘画就是观察事物之间的联系，然后再把这些联系组合成一个整体。我比较青睐贝蒂·艾德华的绘画技巧，因为这对我非常有用。布莱恩·博美斯勒和艾德华的其他追随者每年都会开办十几期这样的绘画班。如果有时间，也去参加一下吧，这个为期 5 天的绘画班值得你为之投资。如果抽不出大块的时间，可以观看艾德华和博美斯勒的《像艺术家一样思考》视频。艾德华的经典著作《像艺术家一样思考》在大部分书店都可以买到。

对于那些好奇心胜过耐心的人而言，你们可以试试 5 线式自画像，即用 5 条线画一幅自画像。它不失为一个不错的开发全新思维的练习，并且非常有意思。这是我的一幅 5 线式自画像（见图 6-5）。

图6-5　我的5线式自画像

准备一个比喻记录本

把所见所闻的有趣、新奇的比喻写下来，可以提高你的比喻能力（MG）。坚持一个星期，就可以看到它的效果。随身携带一个袖珍笔记本，当在报纸上读到某个专栏作家说民意调查员"殖民"了领导人的思想，或听到朋友说"我感觉自己没根儿了"时，就可以将其记下来，这些比喻一定会让你大为惊讶。我一直都在坚持记录，这些比喻让整个世界变得更为精彩；同时，它还会激励你在写作、思考的过程中或在生活的其他方面创造自己的比喻。

跟踪链接

选择一个你觉得有趣的词语或主题，在搜索引擎中搜索，然后追踪其中一个链接。从你访问的第一个网站再选择一个链接，然后打开，如此重复七八次。之后，思考一下你学到了关于那个关键词的哪些知识，以及在这一过程中你都碰到了什么转移注意力的因素。

在浏览的过程中你都碰到了什么？出现了什么模式或主题？也许你无意间会发现有些看似无关的思想之间存在某种异样的联系，这些联系是什么？

跟踪链接时你会在无意中了解到其他的东西。有个类似的做法是这样的：完全凭运气随意跟踪一个网站生成器，如 U 轮盘（U Roulette）或者随机网络搜索（Random Web Search）。从一个你从未访问过的网站开始，将会带你进入几处绝对意想不到的天地，而这也可以帮助你进一步理解各个思想之间的交响联系。

在发现问题的过程中找到解决问题的方法

有问题就需要解决，这是基本道理。但有时候，要想找到巧妙的解决办法就需要多回答几个问题。耶鲁大学教授巴里·纳尔巴夫（Barry Nalebuff）和伊恩·艾尔斯（Ian Ayres）曾共同出版了一本生动有趣的著作，《创新DIY：利用日常生活中的创意解决身边的问题》（*Why Not?: How to use everyday ingenuity to solve problems big and small*），在书中，作者建议我们要研究已有的方法，并回答下面这两个问题：

1. 这个方法在其他地方适用吗？ 有时候，我们可以把某个领域的解决方法应用于其他领域。比如作者问道，如果影视业可以制作出在飞机上播放的PG版（普通的适合儿童观看的）电影的话，为什么不可以把DVD光碟也进行删减呢？这样父母们就不用担心孩子们会看到不该看到的东西了。如果美国的纳税人能把可税收递延的个人退休账户缴费拖欠一个税收年度的话，那么慈善捐赠免税为什么不可以呢？这样"人们就可以对自己的慷慨作出更加明智的选择"。

2. 这样做行得通吗？ 改变默认做法是取得优异成果的简便方法。想一想器官捐献你就明白了。纳尔巴夫和艾尔斯在书中提到，在美国，想要捐赠器官的人一定要明确肯定自己的这一意愿。尽管调查显示，大部分美国人都乐意这样做，但是由于人们的惰性和特别情况，在实际生活中捐赠器官往往会遇到阻碍。如果不同意捐献器官才需要申请的话，即人们在申请驾照的时候会自动签署器官捐献协议，除非他们明确表示自己不想捐献（有几个国家已经开始实施这一措施），那么美国就可以把很多人从长长的移植等候名单中划去，并能挽救几千个人的生命了。

多问问"为什么"能让我们更加了解某一事物，而问"为什么不"会让我们有新的突破。

制作一个灵感记录板

在做某件事时，把你的布告栏擦干净，然后用它来记录灵感。每次看到吸引你的东西，如一张照片、一块布料或杂志上的某一页，就把它钉在灵感板上。这些东西能激活、拓展你的思路，很快你就会发现它们之间的联系。一直以来，时尚设计师都在用这样的灵感板来收藏各种创意，以开拓思维、激发灵感。你也可以这样做。

来一场真正的头脑风暴

设想你正在开会，会上老板要大家来一次"头脑风暴"，艰难地熬过15分钟后大家开始发表意见，结果却基本没有什么鼓舞人心的新想法，很多员工都很气馁。为什么会这样呢？因为你没有遵循规则。有效的头脑风暴并不是杂乱无章的，它有一定的体系，这一体系可以引出不错的想法。

要想正确地做一次头脑风暴，请遵循下列规则[1]：

1. 追求质量。好的想法是从众多的想法中脱颖而出的，所以，设定一个目标数字，比如 100 个想法。
2. 鼓励大胆的想法。极端主义是一种美德，正确的想法总是初看起来有些古怪。
3. 注重视觉效果。图片能启发人的创造力。
4. 延缓评判。世上没有不好的想法，不要理会那些说"不"的人。先做创造性思考，再做评判。
5. 一次只要一个人陈述。礼貌地听取别人的想法，用他们的想法来完善自己的想法。

---

[1] 引自汤姆·凯利著名的《10 种创新型人才》（*The Ten Faces of Innovation*）。

当人们讲述其想法或扩充他人的想法时，都记录下来。（一个人写，一个人从旁提醒会比较快。）半小时后，你就会记下很多条。休息一下，然后开始对记录的想法进行评论。其中大部分都不是很好，有些甚至荒诞至极，但几乎可以肯定的是，你可以发现很多自己绝对想不到的想法。

如果你想在自己的私密空间借助电脑来做一番头脑风暴，可以查看一下 Halfbakery 这个网站，该网站汇集了世界各地关于产品、服务和业务开展的各种创意想法。其中有些想法很普通，但有的也相当不错。

去做自己做不到的事情

我最擅长做自己做不到的事情。此时，我会感到自己很强大，充满了信心，这已成为一种能力。我觉得自己有很大的发展空间，可以自由地随心去学习、去做自己喜欢的事情，即使这意味着我可能会犯错。

如果你想让生活多一份创造性，就去做自己做不到的事情吧，去体验一下犯错带来的美好。

上述内容引自自称是"职业业余爱好者"的荷兰顶级设计师马塞尔·万德斯（Marcel Wanders）。

寻找负空间

我们在看大幅图画时往往会忽略负空间，因此要多做练习去寻找它。在散步、逛商店或浏览杂志的时候，仔细看一看最醒目的是什么，以及它的周围都有些什么。对负空间保持敏感会改变你看待周围环境的方式，使正空间跃然而现。它还会给你意外之喜，比如，在好时 Kisses 巧克力的

161

包装上，我就发现了一个让人意想不到的负空间（见图 6-6 ）。你看到了吗？

图6-6　Kisses巧克力标志

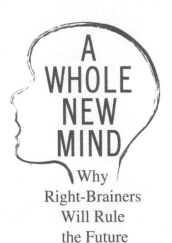

A
WHOLE
NEW
MIND

Why
Right-Brainers
Will Rule
the Future

07 共情力
与他人产生共鸣

我们是在和人打交道，而不是物品。共情不是同情，不是惋惜别人的不幸，而是与他人产生共鸣。

　　昨天实在是糟透了，从一大早醒来我就一直不停地在忙碌。首先处理完几个当天必须完成的任务，然后又处理了一项意料之外的新事项。还要照看 3 个孩子，一个 7 岁，鼻涕一直流；一个 5 岁，已经到了换牙的年龄；还有一个才 18 个月，对什么都充满了好奇，把柜子上的瓷器都推了下来。下午我还去跑步，跑了 8 公里。匆匆吃过晚饭后，我又回到办公室工作了几个小时，最后实在是太累了，无法集中精神，这才停下来。晚上大概 10 点钟我上床睡觉，这时已经筋疲力尽，但却睡不着，于是就读了一会儿书，虽感疲惫，但还是睡不着。于是，差不多凌晨 1 点钟，我下楼倒了一杯酒，看起了前一天的报纸。之后又倒了一杯酒，看了一份报。凌晨 2 点 15 分，我回到楼上，倦意再次袭来。最后，终于睡着了，那时已经 3 点零 5 分了。

　　大约 3 个小时后，18 个月大的孩子站在床上开始一如既往地大喊要喝牛奶。早上 7 点，房间里又开始忙碌了起来。8 点我又回到办公室，面前是一堆今天要完成的工作。我累坏了。事实上，在写下这段文字时，我就打了个哈欠。想到眼前的这一天，我又开始犯困了。虽然已经狂喝了三杯咖啡，但还是感觉用不了 30 秒我就能睡着，但我还不能睡，因为还有大量的工作要做。所以我只能坚持，但已经哈欠连天了。

先暂停一下。在过去的一分钟里你打哈欠了吗？看到我对困乏的描述，想象我打哈欠的样子，你是否感到自己也想打哈欠呢？如果是的话，那你很可能拥有一项重要的天赋——共情力。如果没有，那么为了激发这种本能，你可能需要一个比我的悲惨经历更加扣人心扉的故事才行。

共情不是同情，而是产生共鸣

> 共情，是深入他人的思想从他人的角度体验世界。它不是同情，不是惋惜别人的不幸，而是与他人产生共鸣。

共情力是站在别人的立场、凭直觉感知他人的感受，即设身处地地用他们的眼光来看待问题，体会他们的感受。大部分时候，这一行为是自发的，是人的一种本能而不是刻意为之。然而，共情力不是同情，不是惋惜别人的不幸，而是与他人产生共鸣，即想象如果自己是那个人会有什么样的感受。共情力是一种大胆的假想性行为，是虚拟现实的最高境界，即深入他人的思想从他人的角度来体验这个世界。因为需要熟悉他人，所以共情力还涉及模仿，这也是为什么看过我的故事后有人会打哈欠。

德雷塞尔大学的认知神经系统科学学家史蒂文·普拉泰克（Steven Platek）说，传染性哈欠可能是一种"原始的共情机制"。

他发现，易受他人感染而打哈欠的人，在各种有关共情力的测试中得分都很高。这样的人（毫无疑问是你们当中某些人）能与别人产生感情共鸣，所以也总是忍不住模仿他人。

情商比智商更重要

奥普拉·温弗瑞
美国脱口秀女王

领导能力涉及共情，是一种密切联系群众的能力，它可以激发人们对生活的热情，让他们更好地享受生活。

共情力非常重要，它使人类在进化长河中脱颖而出。因为我们是凭借双足直立行走的动物，也是世界上最强大的动物。共情力还帮助我们顺利度过每一天，使我们能够看到某个论点的另一面，抚慰悲伤的人，可以让我们缄口不语而不是轻吐讥讽之言。共情力还有助于培养自知意识，联系亲子关系，促进合作，并提高道德素养。

但是，同其他众多高概念和高感性能力一样，在信息时代，共情力并没有得到应有的重视。信息时代要求的是冷静客观的超然态度，在这样一个时代里，人们往往认为共情力太过温情。要彻底推翻某个观点或想法，你只需要说它"太感情化"就可以了。

以美国前总统比尔·克林顿为例，当他说出"我能理解你们的痛苦"这句话后，被彻底击败了。有些评论家认为，他说这句话是为了掩饰某些东西；但是有些更犀利的评论称，这句话非常可笑，不应该出自总统之口，甚至有些人认为这有失男儿气概。美国人认为，总统要做的是理性思考而不是去感受，是做战略决策而不是表示理解。一直以来美国都是这样的。

在这个智力敏锐的知识工作者和干练高效的高科技公司十分活跃的时代，人们重视的不是感情而是冷静的推理能力，即回望之前的形势、作出正确的判断，然后制定客观的决策。但是与左脑思维的其他很多特征一样，我们也开始看到这种单一思维方式的局限性。在克林顿发表其充满感情的言论时，丹尼尔·戈尔曼刚好在这段时间出版了《情商》一书，该书标志着一个时代的转变。戈尔曼认为，情商甚至比传统的智商还要重要，而人们也开始对此加以重视。

10年后，概念时代来临，在这个时代，越来越注重情感能力。戈尔曼在写这本书的时候，互联网才刚刚起步，之前提到的印度程序员还在上小学。而今天，网络已十分普遍、廉价。日益发达的网络和技术娴熟的外包知识工作者，使那些凭借智力来衡量的特性更容易被取代，这就意味着那些难以复制的能力变得越来越重要。而共情力就是电脑无法复制的，通过电子技术而保持联络的外包知识工作者也很难具备。

名词解释

共情力： 是站在别人的立场、凭直觉感知他人的感受，即设身处地地用他们的眼光来看待问题，体会他们的感受。

察觉自我，感知他人

> 我们是在和人打交道，而不是和物品。人是有感情的，而且他的感情还会影响到你的感受。

1872 年，在《物种起源》出版 13 年后，查尔斯·达尔文又出版了另一本著作《人与动物的情感表达》（*The Expression of the Emotions in Man and Animals*）。该书一经问世，便震惊了整个世界。在书中，他提出了几个颇受争议的观点。其中最引人瞩目的是，达尔文说所有的哺乳动物都是有感情的，它们表达感情的方式之一就是面部表情。如果一只小狗面露悲伤，就表示它可能不开心了，这就与人类用皱眉来表示不开心是一样的。

《人与动物的情感表达》一经问世就引起了轰动，但在 20 世纪该书却无人问津。当时的心理学家和科学家都认为，面部能表达情感，但这些表情都是文化的产物，并非天生的。

1965 年，保罗·埃克曼崭露头角，当时他只是美国一名年轻的心理学家，但现在已享有盛名。埃克曼曾在日本、阿根廷、巴西、智利等多个国家游历。他给当地人展示了面部表情各异的照片，并发现亚洲人和南美洲人对各个表情的理解同美国人是一样的。这激发了他的兴趣。他猜测，也许这是由于电视或西方的影响造成的。因此，埃克曼又去了新几内亚高地，将同样的照片给当地部落成员看，这些人之前都从未见过电视甚至从未见过西方人，但他们对这些表情的解读同之前的被试是一样的。由此他得出一个具有开拓性的结论，即达尔文是正确的。也就是说，人类的面部表情是一样的。在曼哈顿市中心，扬眉表示惊讶，在布宜诺斯艾利斯如此，在新几内亚高地也是如此。

　　埃克曼把一生大部分时间都致力于面部表情的研究。我做大脑扫描时看到的那套图片系统就是他发明的。他的研究成果对我们实现目标具有非常重要的意义。共情力通常都与表情有关，即体会别人的感受。但情感往往不以左脑思维的方式来呈现。戈尔曼曾说："人类情感难以用文字来表达，更多的时候是通过其他方式表现出来。这就如同理性思维是用文字表达出来，而情感是用非语言形式表达出来一样。"情感表达的主要方式就是面部表情。我们的面部由 43 块肌肉组成，可以使嘴巴、眼睛、脸颊、眉毛和前额自由拉伸和上扬，能表达人类的所有情感。因为共情力取决于情感，而情感又以非语言的形式表达，所以要想深入了解他人的心灵，首先必须了解他的面部表情。

　　在第 1 章我们已经了解到，解读面部表情是右脑的一大优势。当我看到怪异的表情，功能磁共振成像显示右脑的反应要比左脑更为活跃，这同看到恐怖场面的情形是不一样的。乔治·华盛顿大学神经系统科学家理查德·雷斯塔（Richard Restak）说："我们主要借助右脑来表达并解读情感。"萨塞克斯大学的研究表明，这就是为什么大部分女性都把婴儿抱在左侧，无论她们惯于使用右手还是使用左手。因为婴儿不会说话，我们唯一能明白他们需求的方法就是观察他们的表情，凭直觉感知他们的情绪。这就需要借助右脑，因为右脑支配身体左侧。

右脑受损的人很难辨别他人的面部表情，如自闭症患者，有时这是由于右脑功能障碍引起的。相比之下，左脑受损的人反而更善于解读表情，因为我们大部分人都是用左脑支配语言能力。

比如，埃克曼和波士顿马萨诸塞州综合医院（Massachusetts General Hospital）心理学家南茜·埃特考夫（Nancy Etcoff）指出，别人在说谎时我们大部分人都很难发现。如果想从一个人的面部表情或语气上判断他是否在说谎，那么这和盲目猜测差不多。但是失语症患者，即左脑受损、话语能力和语言理解能力受限的人，却非常擅长识别谎言。埃特考夫发现，通过仔细观察面部表情，他们可以辨别出70%以上说谎的人。原因就在于，他们不能进行语言交流，就会更加倾向于凭借表情理解别人的意思。

共情，电脑难以复制的情感处理能力

威廉·巴特勒·叶芝
爱尔兰诗人、剧作家

依赖逻辑、哲学和理性思考的人，最终会荒废头脑中最好的思维模式。

概念时代非常重视这种具有情感表达力的方法，尽管它难以掌握。几十年来，人类一直梦想着能够赋予电脑情感，但在"情感信息处理技术"领域一直未能取得突破性的进展。电脑所从事的依然只是辨别面孔这样的初级工作，还谈不上甄别更细微的表情。麻省理工学院媒体实验

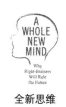
室主任罗莎琳德·皮卡德（Rosalind Picard）说，电脑有"强大的数学能力"，但是一旦涉及与人之间的互动，就无法应付了。现在，语音识别软件能够辨认话语，无论我们对笔记本电脑下达"保存"或"取消"指令，还是要求自动化航空服务系统发出"过道"或"窗户"的请求，它都可以识别。但即便世界上最强大的电脑所配置的最精密软件，也无法领会我们的情感。然而，有些较新的应用软件也有了识别情绪的功能。

> 有些内置呼叫中心的语音识别软件能够检测到音高、节奏和音量方面较大的变化，这些变化都是紧张情绪的表现。但是当该软件识别了这些信号之后会怎样呢？它会把电话转接到人工服务台。

上面这个例子是概念时代工作形式的一个代表。很多工作可能只是缩减为一套规则，要么演变成几行软件代码，要么外包到薪水较低的海外知识工作者手中，相对而言，这些缩减后的工作不需要多少共情力。在美国、加拿大、英国等国家，大量诸如此类的工作将慢慢转移。但是与以往相比，其余的工作将更需要深入了解人际交往的微妙。因此，斯坦福大学商学院的大部分学生都选修了人际动力学这一课程也就不足为奇了。虽然这一课程的正式名称是人际动力学，但在学校它却以情感表达学而广为人知。

再举一个不是很注重情感素养的例子——法律。现在，世界其他地区精通英语的律师也可以从事很多常规法律工作。同样，正如我在第3章阐释的，以前某些专业信息只有律师才可以获得，而现在软件和网站已经打破了这种信息垄断的局面。那么，未来需要什么样的律师呢？是能够和客户产生情感共鸣，并了解他们真正需求的律师。他们需要与客户进行沟通协商，领会其言外之意，需要读懂陪审团脸上的表情，即时判断陪审团的判决是否有说服力。一直以来，律师都非常重视共情力，而如今这一因素已是其区别于其他职业的关键。

在 21 世纪的劳动力市场上，共情力不仅是谋求生存所必需的职业技能，也是一种生活道德。正如达尔文和埃克曼所发现的，这是理解他人的手段，是联系各个国家和文化的通用语。共情力是使人之所以为"人"的关键，可以给我们带来快乐。在第 9 章我们会看到，共情力也是使生活充满意义的重要因素。

名词解释

共鸣：是指思想上或感情上相互感染而产生的情绪。

共情力可以提高，却不能被伪装

> 共情力既不是对智力的否定，也不是提高智力的唯一途径。有时候，我们需要客观冷静的态度；但更多时候，我们需要的是对他人的理解。

大部分人都可以提升自己的共情力，提高解读面部表情的能力。在多年研究的基础上，埃克曼编制了一套面部表情系统，这套系统基本囊括了人们用来表达情感的所有面部表情。他发现，人类有 7 种基本情感具有非常明显的面部表情，即愤怒、悲伤、恐惧、惊讶、厌恶、蔑视和开心。有时这些表情夸张强烈，有时又不是很明显，这种并不明显的

表情，埃克曼称为"细微表情"，通常是指某种表情的微小端倪，或是未能隐藏好这一情感而流露出来的细小表情，也就是"表达不全的表情"。还有一种是"微观表情"，"当一个人刻意掩饰情感时"，这一表情就会在脸上浮现，但它一闪即逝，持续时间还不到 1/5 秒。

埃克曼曾为多个机构和个人讲授过面部表情识别技巧，如美国联邦调查局，美国中央情报局和美国烟酒、枪炮及爆炸物管理局，以及警察、法官、律师，甚至还有插画作者和动画片制作者。接下来，我要教给你一个埃克曼所采用的技巧。

当看到虚假的笑容时，我通常会十分恼怒。但我从来都不敢肯定，他之所以笑是不是为我的机智幽默所折服。而现在我知道了。埃克曼将真心的笑容称为"杜兴微笑"，是以法国神经学家杜兴·德·布洛涅（Duchenne de Boulogne）的名字而命名的，杜兴自 19 世纪末以来就开始从事这一具有开拓性的研究。真心的微笑会牵动两块面部肌肉：一是颧骨处的颧大肌，它的作用是牵动嘴角的动作；二是眼睛外围的眼轮匝肌，它的作用是"下拉眉毛和眉毛下面的皮肤，上挑眼睛下面的皮肤以及扬起面颊"。

虚假的微笑只会牵动颧大肌。因为我们可以控制颧大肌，但不能控制眼轮匝肌。眼轮匝肌的活动是自发的，只在真正开心的时候才会有反应。

杜兴曾说过："真心的快乐是通过颧大肌和眼轮匝肌的收缩从面部表现出来的。颧大肌可以根据人们的意愿进行伸缩，但是眼轮匝肌只有在人们从心灵深处真正感到快乐的时候才会有反应。"

换言之，要想辨认出虚假的笑容，只需看他的眼睛就可以了。如果一个人的眼轮匝肌没有收缩变化，就说明这个冲你笑的人并不是你真正的朋友。

> **名词解释**
>
> **细微表情：** 通常是指某种表情的微小端倪，或者是未能隐藏好这一情感而表露出来的细小表情，也就是"表达不全的表情"。

下面来看一个例子，图 7-1 是我两张面带微笑的照片。

图7-1　两张微笑的照片

你能辨认出哪一张是勉强挤出的不真诚微笑，哪一张是听妻子讲完某件有趣的事情后真心流露出的笑容吗？这没有那么容易，不过只要仔细观察我的眼睛，就一目了然了。右边照片里是真正的开心，因为这张照片眉毛稍低，眼睛下面的皮肤上扬，两眼之间的距离也相对较小。其实，只要把眼睛以外的部位都遮住，答案就显而易见了。"杜兴微笑"是伪装不出来的。虽然共情力可以提高，但却不能被伪装。

> **名词解释**
>
> **微观表情：** 是指当一个人刻意掩饰情感时在脸上浮现出的表情，它一闪即逝，所持续的时间还不到1/5秒。

医学，从"淡漠"向"共情"转变

保罗·西蒙
美国著名歌唱家

相信你的直觉。这和钓鱼的道理是一样的。

共情力并不是孤立存在的，它与之前谈到的3大高概念和高感性能力密切相关。共情力是设计感不可或缺的因素，优秀的设计师总是以消费者的眼光来审视自己的设计。共情力还与交响力息息相关，具有共情力的人都明白情境的重要性，他们会从整体上审视一个人，这与具备交响力的人会综合把握全局的行为是一致的。最后，故事力也涉及共情。在叙事医学那一部分我们已经看到，故事是提升共情力的有力途径，对医生来说尤其如此。

与此同时，共情力也正在以更直接的方式重塑医学。医学界领军人物力主医学应该有所改变，用生物伦理学家乔迪·哈尔彭（Jodi Alpern）的话来说就是，从"淡漠"向"共情"转变。他们认为，淡漠的科学模式并非不适合当代的发展需求，而是已不足够。正如之前所说，大量医疗实践趋于标准化，演变为诊断和治疗疾病的可重复性公式。虽然有些医生对此大加指责，称其是"食谱式医学"，但它确有自身的优势。规则式医学建立在逐渐累积起来的成百个，甚至上千个病例的基础之上，这样，医学教授就不用对每名患者都重新制订一套医疗方案了。其实，电脑也可以做同样的工作。然而，电脑没有共情力，一旦涉及人际关系，电脑就有点"爱莫能助"了。在医学界，共情力可以发挥极大的威力。

全新思维案例

几年前，有两个在邮局工作的人患了同一种病，他们分别去了不同的医院就医。其中一个人告诉医生说，他感觉全身隐隐作痛、不舒服，觉得自己患了炭疽，而且最近在他工作的邮局有人染上了这种病。随后医生打电话给公共卫生部门，部门负责人告诉他说，炭疽并不会造成威胁，所以在药方里他不必开抗生素。于是，医生听从了公共卫生部门给出的建议，只给患者开了一些泰诺让他服用。几天后，该患者不幸身亡，死因正是炭疽。

另一个人去了另一家几公里外的医院。在急诊室里，医生对他进行了一番检查，怀疑他可能染上了肺炎。但是，这名患者告诉医生，他所在的邮局正陷入一场炭疽传染的恐慌之中。所以她又做了一次检查，但还是认为他并没有患炭疽，这使她十分困惑。但她还是给患者开了一些治疗炭疽的西普罗，以防万一。而且她没有让患者即刻回家，而是让他住院观察，并把情况汇报给一名炭疽研究专家。结果表明，这名邮局职员的确患了炭疽，这也说明，如果医生能理解患者，他们的倾听、直觉和不墨守成规的态度就意味着生死之间的巨大差别。在接受《华尔街日报》采访时这位医生说："我只是听取了患者的陈述。他说：'我了解我的身体，就是有哪里不对劲。'"共情力，即医生凭借直觉判断患者感受的能力，挽救了患者的生命。

哈尔彭说："医生表达其共情力的方式，不仅在于对病人的感受作出正确的判断，还在于他们说话的节奏、语调、停顿以及全面了解患者情感的能力。共情力是医生知识、医疗技术以及其他医疗工具的有益补充，可以帮助医生作出准确的诊断。"随着这一医疗新观点日益为人们所接受，共情力在医学界的地位也日益提升。像上述急诊室医生那样的新一代保健专业人员将越来越受欢迎，他们能够将客观规则和主观情感相结合，从而开创一项全新的医疗事业。

● 现在，对医学院进行审核的机构已将与患者的沟通和对其感受的理解，确定为对学生进行综合考评的一大因素。也许这看起来只是一个很普通的变化，但事实上，在极其注重左脑思维的医学界，这却是一个翻天覆地的变化。

● 舞台演员梅根·科尔（Megan Cole）到美国的各个医学院讲授"共情技巧"。在课堂上，她指导这些医学院学生如何利用非语言的暗示，如面部表情、语调、肢体语言以及其他表演技巧，来更好地诊断患者哪里不舒服，更好地表达对患者的关心。

● 范德堡大学医学院的学生要学习一门关于交流错误，以及如何为自己所犯的错误致歉的课程。在第 3 章我曾提到过费城的杰斐逊医学院，现在该医学院甚至还开发了一项共情力测试，即"杰斐逊医生共情量表"（JSPE）。

虽然刚问世不久，但 JSPE 已经有了一些有趣的收获。比如，共情测试得分高的人往往在临床护理学上的得分也很高。因为在其他条件都一致的情况下，患者更愿意与能理解病人的医生交流，而不愿与性格冷漠的医生接触。此外，共情力测试得分同医学院入学考试或医生资格考试的成绩没有关系，这说明传统的医生能力测试，未必能决定何为最优秀的医生。JSPE 得分较高的人之间存在的差异也颇为有趣。女性通常比男性得分高，某些护理人员的得分比其他人高，比如护士的得分通常比较高。

共情力在医疗中所发挥的作用日益受到人们的认可，这也是概念时代护理将成为关键职业之一的一大原因。当然，护士的工作并不只是理解患者的感受，但她们所提供的情感护理是不可能被外包或自动化的。在班加罗尔，放射科医生们能读懂 X 光片，但是光纤电缆却很难拥有共情力，如碰触、抚慰患者。现在，发达国家人口逐渐老龄化，人们对护士的需求量日益加大。

在美国，未来 10 年，护理业的新增工作岗位比其他任何行业都要多。护士也会抱怨工作太累，因为她们常常要同时看护多名患者，但是理解他人的天性使她们备受尊敬，也让她们的薪水越来越高。一项民意调查显示，在美国，护理业一直以来都被视为最真诚、最具美德的职业，同时该职业的工资增长速度几乎比其他任何职业都要快。

共情力的崛起，对家长教育孩子的方式也产生了影响。最近，澳大利亚对一些信息技术管理人员进行了一项调查，结果显示，90%的人都不愿意让自己的孩子选择注重左脑思维的软件工程行业。那么，他们希望孩子选择什么样的职业呢？悉尼一位电信公司职员詹姆斯·迈克尔斯（James Michaels）说："我想让我的孩子从事护理业，因为无论在当地还是在全球范围内，这一职业都有着广泛的需求。"

女性的大脑比男性的更具共情力

梅丽尔·斯特里普
三届奥斯卡最佳女主角
获得者

人类的一大天赋就是拥有共情力。

谁更富有共情力？男性还是女性？原则上正确的答案是，两个答案都不对，因为共情力取决于个人。从很大程度上来说，的确如此。然而，越来越多的研究开始推翻这个观点。比如，多项研究表明，女性通常更擅长领会面部表情和识别谎言。甚至从3岁开始，女孩就比男孩更善于推测别人的想法，更善于从一个人的面部表情猜测其感受。在这一研究的基础上，心理学家戴维·迈尔斯（David G.Myers）对此类研究进行了总结，并写道：

> 在接受调查时，女性更倾向于认为自己有共情感受，因为她们会同别人一起哭、一起笑。一定程度上，共情力在性别上的差异可以从行为上表现出来。女孩更容易因别人的悲伤而悲伤，更

容易为之哭泣或倾诉自己对此的感受。这一差异也说明，为什么人们（无论男女）都认为他们同女性朋友之间的友谊更亲密、更愉快、对自己更有帮助。当想要倾诉自己的感受、让他人理解自己的处境时，无论男女往往都会找女性。

剑桥大学心理学家西蒙·伯龙－科恩（Simon Baron-Cohen）的一系列理论可以解释，为什么共情力在性别上有如此明显的差异。2003 年，他出版了《本质区别》（*The Essential Difference*）一书，在开篇第一页他直接指出："女性大脑的主要功能是共情力，而男性大脑的主要功能是理解和建立体系。"

伯龙－科恩很快又注意到，并不是所有女性的大脑都是"女性化"的，而男性的大脑也未必都是"男性化"的。他搜集了大量论据来支持自己的中心观点：男性的大脑比女性的更具系统化功能，而女性的大脑比男性的更具共情力。伯龙－科恩认为，这两种思维模式之间的差异十分有趣，他说："系统化涉及的是精密性，尤其关注局部细节以及脱离情境的规则。要想系统化，就要有客观冷静的态度。"伯龙－科恩还将自闭症称为"极端"男性化的大脑思维。但是共情就不同了。

伯龙－科恩说："要想理解他人，就需要建立某种情感联系，意识到自己是在和人打交道，而不是和物品。人是有感情的，而且他的感情还会影响你的感受。人有太多不确定性因素，一个人只有在明白了他人的心态后，才能了解他的感受；人往往会从更大的角度看问题，比如一个人是如何看待他人的；人会非常注重情境的作用，一个人的面部表情、声音、行为和经历都是决定其心态的关键信息；同时，人也不是一成不变的，昨天令她开心的事情未必明天也会令她开心。"

再读一读这些内容就会发现，男性大脑有点像左脑思维模式，而女性大脑则更像是高概念、高感性的右脑思维模式。前面提到有两个医生用不同的方法来治疗炭疽，而这两种思维模式和两个医生采取的不同方法十分相似，这两名医生也恰好一个是男性，一个是女性。

这是否就意味着我们每个人，尤其是男人都要激活大脑中女性化的一面呢？答案是肯定的。但是，这并不意味着我们要放弃大脑中系统化的那一面。共情力既不是对智力的否定，也不是提高智力的唯一途径。有时候，我们需要客观冷静的态度；但是更多的时候，我们需要的是对他人的理解。能够在未来取得一番成就的，是那些能协调这两种态度的人。我们已经多次看到，**概念时代需要的，是兼具两性思维的人。**

学会理解他人

自我共情力测试

心理学家编写了一系列共情力及相关能力的测试，其中有很多可以在网上免费进行。这些测试是对共情力的不错介绍，同时也是了解自我的一个有趣方式。需要注意的是，虽然网络上的自我测试方式五花八门，但其中很多测试从颅相学上而言，是完全科学、有效的。以下是几个测试共情力的主要方式：

全新思维工具箱

- 情商（EQ）测试——在这项测试里，西蒙·伯龙－科恩共设置了60道题目，测试你的大脑是否是"女性化"的。如果想要测试自己大脑中"男性化"的一面，可以做有关系统化智商（SQ）的测试。

- 识别虚假笑容——英国广播公司有一个包含20道题、限时10分钟的测试，该测试以保罗·埃克曼的研究为基础，测试的是辨别真假笑容的能力。

- 观察眼睛的测试——这项测试也是由西蒙·伯龙－科恩创立，测试的是从一个人的眼神中判断其面部表情的能力。

● 梅耶·沙洛维·卡鲁索情商测试——这也许是当今知名度最高的情商测试。但是该测试同之前提到的其他测试不同，因为这项测试是要付费的。如果你想初步研究自己的情商，那就不要选择这一测试。但是对那些想要进一步挖掘情商的人而言，这的确是一个非常好的选择。

研究埃克曼

在面部表情研究方面，保罗·埃克曼是当今世界最权威的专家。读一读他最新出版的《情绪的解析》（*Emotions Revealed*），该书概述了情感科学，可以很好地指导你如何从一个人的面部表情判断他的情绪。书中有很多表情图片，都是以埃克曼的女儿伊夫为示例的。她有一种十分神奇的能力，能准确表现各种情绪。如果你喜欢《情绪的解析》一书，还可以再读一读埃克曼早期的作品《说谎》（*Telling Lies*），该书详细阐释了如何辨别他人是否在说谎。

偷听他人说话

内奥米·埃佩尔（Naomi Epel）是一位作家，他非常喜欢文学，几年前，出版了《观景台》（*The Observation Deck*）一书。该书开本较小，平装，并配有一套卡片。埃佩尔曾带领一些作家组织过巡回书展，书中就把这些作家的写作技巧搜集在了一起，简直就是一个写作宝典。其中的一个技巧也是开发共情力的好方法，即偷听。

偷听他人说话是不正当的行为。但是我们所有人都会听旁边的人说话，那么我们或许可以让偷听变得更有价值。下次再偷听的时候，仔细听听他们在说什么，然后把自己想象成其中的一员。那一刻你（也就是他或她）在想什么？情绪是怎样的？彼时彼地你是如何结束这一对话的？

著名作家弗朗西斯·斯科特·菲兹杰拉德（Francis Scott Fitzgerald）曾用一个笔记本来记录那些"无意中听到的谈话"，他说过："很多作家都是有名的偷听者。"埃佩尔在书中也引用了这句话。如果合理并符合法律要求的话，偷听在很多行业都很有价值。从他人的立场、以他人的眼光来审视世界，是一个非常不错的偷听方法，哪怕只有几分钟也好。还有一个方法是这样的：听别人说话，但是不要看说话的人，然后猜测说话的人是谁、他们的年龄、民族以及穿衣风格。之后转身看自己的猜测是否正确，也许结果会令你大吃一惊。

玩"谁的生活"游戏

IDEO 是世界上最知名的设计公司之一。[①]该公司设计的产品非常之多，宽柄儿童牙刷以及苹果公司的第一个 Palm V 掌上电脑鼠标，就是由该公司设计的。那么，他们是如何进行设计的呢？也许其中的秘诀会令 MBA 感到不安，即共情力。在 IDEO，优秀的设计不是始于一张不错的图画或一个精巧的小装置，而是基于对人们的深刻了解。在参观 IDEO 公司位于加利福尼亚州帕洛阿尔托的总部时，我了解到了一个测试共情力的方法。

请你公司的某个人把她的钱包、公文包或背包借给你，同时把里面所有标明其姓名的东西都拿出来。然后召集五六个人来观察里面的东西，让他们在不知道对方身份的情况下，猜测这个人的生活方式是怎样的（无论是从个人、职业还是情感上）。比如，里面是塞满了东西还是东西既少

---

① IDEO 公司总裁蒂姆·布朗深度阐释设计思维的著作《IDEO，设计改变一切》已由湛庐引进，浙江教育出版社于 2019 年出版。——编者注

又整齐？包里的东西都和工作有关吗？是否有哪些物品反映了她的家庭生活或她的其他兴趣？钱包里有多少钱？里面放照片了吗？像一个挖掘钱包的考古学家一样仔细查看里面的东西，你就能真正了解一个人。由此而来的额外收获是："谁的生活"非常有趣。

同时，IDEO 公司还整理了一些其他的技巧，并将其印在时尚的大卡片上，共 51 张，这些卡片在网上能免费观看，在美国一些商店里的售价是 49 美元。这些技巧卡片详细介绍了很多如何将共情力作为设计的核心策略，这些策略都源自人类学、心理学、生物力学和其他学科。与传统的扑克牌有 4 种花色一样，这些技巧卡片也分为 4 种，每一种代表共情的一个方法，即：学、看、问、试。每一张卡片都描述了一个技巧，比如"摄影杂志"（camera journal）或"身体风暴"（body storming），卡片的一面是一张图片，另一面是对 IDEO 公司如何利用这一技巧的介绍。翻看这些卡片几乎同翻看别人的钱包一样有趣。

在工作中发挥共情

尽管我们都说自己相信共情，但通常并不会向同事表达自己的情感，尽管白天的大部分时光我们都是同他们一起度过的。下面是两个可以增进公司之间和团队之间情感交流的方法。

1. 生活中的一天。

你知道你的同事是怎样看待工作的吗？下面这一活动将帮助你发现他

们的想法。方法十分简单，如果在员工会议或行政会议上进行的话，效果会更好。

让每个与会人员都在一张挂图上写下自己的名字，然后列出以下 4 项：快乐、悲伤、烦恼和奖金。把这些纸张都贴在墙上，然后让每个人都写下自己心目中同事们的答案。比如，高级副总裁最大的烦恼是什么？邮件收发室人员的最高奖金是多少？大家写完后，每个人再拿回自己的那张纸。然后依次对同事的猜测作出回馈，并解释自己心目中真正的工作日是什么样的。或者将员工按部门组织在一起，分别让每个部门的人描述一下其他部门的工作是怎样的。

2. 我是如何来到这里的？

有时候，你和同事共事了很多年，却全然不知你们是怎样走到一起的。凯文·巴克是 Leading Initiatives Worldwide 公司的一名高级顾问，他曾对一些医生进行了一项调查，其目的是了解他们的个人经历。他让医生两两一组，互相讲述自己为什么选择医学这一艰辛的行业。每个医生都要讲述自己的经历，倾听对方的经历，然后把对方的故事转述给其他人。巴克说，这一活动"效果甚佳，并可重复进行"。活动结束后，他从中了解到了一些他们都会谈论的话题。之前很多人都认为在医疗界十分消极、缺乏尊重，但是巴克的新发现同这一观点截然相反。巴克在其他行业内也组织了这一活动，同样也取得了成功。

学习表演

某个特定年龄段的美国人都会记得这样一则电视广告："我不是医生，但在电视里我演的是医生。"但是，最近这一典型的美国现象却发生了彻底的变化，现在医生要扮演演员，他们通过学习表演，来进一步了解、深化自己的共情力。这听起来有点不可思议，但与演员的工作有很多契合之处。他们要做的是深入他人的思想，打动他人的心灵，这就使表演成为领会情感和表情的绝佳方式。大部分院校和社区活动中心都开设了夜校。因为指导老师并不是著名导演兼教师李·斯特拉斯伯格（Lee Strasberg），所以你也不必成为阿尔·帕西诺（Al Pacino）。如果你愿意的话，就去试试吧！也许你会有所收获。

不要将自己的共情力移交给别人

如果要在某人人生中最重要的时刻表示慰问，你是否依然跟过去一样，选择购买贺卡呢？请制作一套用于不同场合的贺卡，生日、毕业、疾病、逝世或者周年纪念日，以向别人证明贺卡对你的重要性有多大，同时也可以借此表达一下自己的情感。孩子们知道怎么制作贺卡，你也知道。只需启动电脑的文字处理程序就可以开始了。但更好的办法是，可以找一些空白卡片和彩色铅笔亲手制作。

贺卡通常是大批量生产的，需要有专人设计来传达什么样的问候，以及确定传达方式，而我们要让这些贺卡达到预期的效果。

做社区志愿者

提高共情力另一个不错的途径是，做社区志愿者，为社区的人服务。因为这些人往往有着和你截然不同的人生经历。比如，如果是在收容所做志愿者，你会很容易将自己置于这些人的处境之中。

另一个方法是，将志愿者工作同假期结合起来。置身于别人的世界，并在他的周围工作，是与他人沟通并了解其生活的好方法。与此同时，长期以来，假期志愿者就颇受大学生欢迎，很多学生也都会参加学校组织的春季"假期"计划。

看到别人悲伤，你会想"看在上帝的分上，我要去帮助他"，而这会提升你的共情力。或许这并不是从事志愿工作的原因，却会是一个额外的收获，从中你将学会帮助他人。

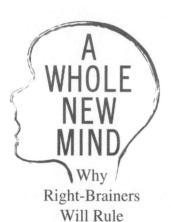

A
WHOLE
NEW
MIND

Why
Right-Brainers
Will Rule
the Future

08 娱乐感
拥有快乐的竞争力

　　快乐和游戏不仅是快乐和游戏，笑声也不只是笑声。娱乐的对立面不是工作，而是沮丧。娱乐感，已成为工作、企业和个人幸福的关键。

图 8-1 中的人在笑什么呢？个中原因要比你想象的复杂得多。他是印度孟买的马丹·卡塔利亚（Madan Kataria）医生。卡塔利亚医生非常喜欢笑，他认为笑声就像慈善病毒，可以感染个人、社区，甚至整个国家。于是，几年前他重新规划了自己的医疗事业，把自己打造成为传播笑声的"伤寒玛丽"。他的使命是，促进笑声在全世界的迅速传播，以改善健康状况，增加收入，甚至促进世界和平。为此，他开办了一个"欢笑俱乐部"，会员不是很多，但他们每天清晨都会在公园、乡村绿地或购物中心相聚，然后开怀大笑半个小时。

也许，卡塔利亚想要通过笑声改变世界的想法本身就有点可笑。一个阴湿的早晨，我参观了孟买的一家欢笑俱乐部，如果你也去参观，就会发现他的欢笑秘诀。

现在，世界上大约有 2 500 家定期组织聚会的欢笑俱乐部，其中很多在印度，孟买就有近 100 家，在班加罗尔高新区甚至更多。西方也涌现出了很多欢笑俱乐部，如英国、德国、瑞典、挪威、丹麦、加拿大，在美国也有几百家。在工作场所，欢笑俱乐部发展最为迅速。

图8-1　这个人在笑什么?

娱乐的对立面不是工作，而是沮丧

布莱恩·萨顿-史密斯
宾夕法尼亚大学游戏心
理学家

娱乐的对立面不是工作，而是沮丧。娱乐就是
开心、肆意地玩，就好像有人告诉你前途无量
一样。

　　稍后，我们会详细探讨这位自称为"欢笑大师"的人物——卡塔利
亚，他在世界上享有一定的知名度。现在，越来越多的办公室和会议室
里都设立了欢笑俱乐部，标志着概念时代另一个十分重要的方面，即人
们不再将冷静严谨视为能力测评的标准，而是越来越重视另一个至关重
要的高概念和高感性能力——娱乐感。卡塔利亚对我说："欢笑俱乐部
的终极目标就是要让人们更加开心。开心的时候，会激活右脑。逻辑性
的左脑有很多限制，但是右脑却没有，可以任意发挥。"

现在，我们把卡塔利亚的想法，以及受其启发在工作场所开办的欢笑俱乐部同 20 世纪三四十年代的福特汽车公司做一下对比。福特胭脂河工厂是不允许员工笑的，并将哼歌、吹口哨和笑视为违纪行为。英国管理学家大卫·科林森（David Collinson）曾说：

> 1940 年，约翰·盖洛被解雇了，原因是"他笑了"，而之前他也曾"和同事笑谈"过，以致"将生产线延误了大约半分钟"。这种严格的纪律反映了亨利·福特的管理思路，他曾说过："工作时就好好工作，玩耍时就痛快玩耍。不应将两者混为一谈。"

福特担心将工作和学习混淆会有危害。若不将其隔离，彼此会互相妨碍。大萧条后，胭脂河工厂一直处于低迷状态，但是在概念时代，物质财富的充裕已经使其摆脱了之前的困境，将工作和娱乐相结合也成为顺应时代发展的需要。

有的公司甚至已将娱乐作为明确的公司战略，比如航空公司。西南航空公司是当今最成功的运输公司，其收益十分稳定，可很多对手公司却几乎濒临破产。该公司称："除非对自己的工作感兴趣，否则很难取得成功。"这同福特限制娱乐的规定截然不同。

在美国，像这样将娱乐与工作结合在一起的"怪异"公司不止一家。据《华尔街日报》称，在欧洲大约有 50 多家公司，甚至比较正统的诺基亚、戴姆勒－克莱斯勒和阿尔卡特公司，都聘请了有关"严肃娱乐"方面的顾问。"严肃娱乐"是一个用乐高积木来对公司管理人员进行培训的方式。英国航空公司甚至还聘请了"公司娱乐长"（corporate jester ），以给公司带来更多欢笑。

娱乐感的 3 大重要体现

帕特·凯恩
《娱乐伦理》作者

娱乐在21世纪的重要性就如同劳动在过去300年的工业时代所发挥的重要作用一样。在21世纪，娱乐将成为我们认知、行动和创造价值的主要方式。

和其他 5 种能力一样，娱乐感之前也默默无闻，现在才开始受到关注。事实证明，喜欢玩游戏的人可以和高智商的人一样行事高效。娱乐感已成为工作、企业和个人幸福的重要因素，其重要性主要体现在三个方面：游戏、幽默和快乐。

● 游戏，尤其是电脑和视频游戏，已成为举足轻重的大行业，这一行业正在向其客户传达全新思维模式，招聘了很多具有全新思维的新型工作者。

● 幽默可以有效提升管理效率，培养高情商，并开发右脑思维。

● 自发的笑声是快乐的标志，快乐可以提高工作效率、使我们得到更大的满足。我们将看到，在概念时代，快乐和游戏不再仅仅是快乐和游戏，笑声也不再只是笑声。

> **名词解释**
>
> **娱乐感：**是工作、企业和个人幸福的重要因素，其重要性表现在三个方面：游戏、幽默和快乐。

游戏，重塑人类积极的未来

阿尔伯特·爱因斯坦	
著名物理学家、思想家	游戏是调查研究的最高形式。

图 8-2 是截取自流行游戏《美国陆军》（*America's Army*）中的一个镜头。

©AFP, Getty Images

图8-2　《美国陆军》游戏截图

在玩这个游戏时，你会置身于一个危险重重的境地，在保证自己不被杀死的情况下，还要设法除掉坏人。该游戏的规则与大多数同类游戏差不多，只要打败了对方的士兵或帮助己方躲开了危险，就可以得分。那么是哪家公司开发出了这个游戏？是任天堂[①]、世嘉[②]？还是美国艺电[③]？都不是。开发、制作和销售《美国陆军》游戏的就是美国陆军。

---

① 日本著名的电脑游戏软件制作公司。

② 日本的游戏公司。

③ 著名娱乐软件公司。

凯西·沃德斯基（Casey Wardynski）陆军上校在西点军校专门从事军事人力资源研究，几年前，他曾致力于大幅提升征兵数量，以扭转军队兵力薄弱的局面。20 世纪 70 年代征兵制度已被废除，冷战结束后军队的规模也缩小了很多，所以想要入伍的人不知道服兵役会是怎样的情形。在研究这一问题的过程中，沃德斯基发现，西点军校的大部分学生都对视频游戏情有独钟。当时，他右脑灵感突现，想到了一个可能解决这一问题的办法。

全新思维案例

　　沃德斯基想，如果让军队生活尽量贴近年轻人的生活，结果会怎样呢？比如，借助年轻人熟悉的索尼 PlayStation 游戏机、微软 Xbox 游戏机、个人电脑等让年轻人增加对军队的了解。电视广告效果甚微，当面劝说也起不到什么作用，因为这并不能让他们感受到真实的军队生活。于是，沃德斯基说，也许军队自身就可实现这一目的。他们可以开发一个视频游戏，用"虚拟的体验取代间接的认识"。

　　他把这一计划提交给五角大楼的政府官员，因人员短缺而伤透脑筋的官员也愿意尝试新的方法。他们给沃德斯基提供了大笔资金，为游戏制作提供支持。这款游戏既要能体现真实的军队生活，又要引人入胜、具备挑战性。一年后，在几个程序设计员和艺术家的帮助下，沃德斯基和来自美国海军研究生院的一个研究小组共同开发出了《美国陆军》，并于 2002 年 7 月 4 日在 GoArmy 网上免费公测。第一周，由于玩家人数超载，导致服务器瘫痪。今天，征兵办事处和游戏杂志还在推广《美国陆军》游戏，现在这一游戏的注册用户已达 200 多万。通常，每个周末都有近 50 万人在虚拟的军事演习世界里奋战。

《美国陆军》与其他众多格斗游戏不同，因为它更注重"将团队合作、价值观和责任感作为达成目标的手段"。玩家首先要经过基本训练，之后可以升级到小规模的多人游戏模式，如果过关，就可以晋级特种作战部队。其中很多任务都需要团队协作，比如援救战俘、保护管道以及阻止向恐怖分子兜售军火。玩家可以通过消灭敌人、保护其他士兵以及与组织里幸存的士兵共同完成某项任务来得分。要是你犯了某些愚蠢的错误，比如无意中枪杀了无辜的百姓或者无视命令的话，你就会被关进虚拟的莱文沃斯市①监狱或被驱逐出游戏。同其他热门游戏制造商一样，美国陆军也开发了一个新版本的系列游戏，名为《美国陆军：特种部队》（ *America's Army: Special Forces* ）。

一直以来，人们都坚信娱乐只不过是玩玩踢球游戏，但上述现象却给这一观念当头一棒。正如我们所看到的，通用汽车进军艺术领域，而美国陆军在游戏领域大展拳脚，现实的一切都让人不可思议。事实上，如果该游戏以同其他视频游戏差不多的价格销售，美国陆军第一年就能入账 6 亿美元。

● 游戏，最佳的学习手段 ●

视频游戏在美国陆军大受欢迎，但这只是反映游戏影响力的一个方面。30 年前，第一代视频游戏《乒乓》（ *Pong* ）上市，成为视频游戏②行业起步的一大标志。现在，视频游戏已迅速发展，并在人们的日常生

---

① 美国堪萨斯州东北部的一个城市。

② 即在电脑、网络以及像 PlayStation 或 Xbox 这样的专门游戏平台上玩的游戏。

活中占据了重要地位。

● 6 岁以上的美国人中半数的人都玩电脑和视频游戏。美国人每年购买的游戏达 2.2 亿套，平均每户家庭差不多两套。虽然大家普遍认为游戏玩家大部分是男性，但今天女性玩家的人数已超过 40%。

● 在美国，视频游戏产业的规模比影视业还要庞大。美国人在视频游戏上的花费要多于在电影上的花费；玩视频游戏的时间也要比看 DVD 和录像的时间多。现在，美国人平均每年玩游戏的时间已达 75 小时，是 1977 年的两倍。

● 现在，艺电已成为标准普尔 500 指数企业的成员之一。2004 年，艺电的销售额大约是 30 亿美元，已经超出了当年最卖座的 10 大电影的总销售额。任天堂《超级马里奥》系列视频游戏总销售额也已 70 多亿美元，是《星球大战》系列电影总收入的两倍。

但是，如果家里没有喜欢玩游戏的孩子，很多成年人就不能完全明白游戏的重要性。对这一代人而言，游戏已经成为解决问题的工具，也是他们自我表现和自我探索的手段。对于上一代人而言，电视融入了他们的生活，而现在视频游戏又融入了新一代人的生活。有几项研究显示，100% 的美国大学生都说自己玩过视频游戏。在今天的大学校园里，没玩过《神秘岛》《侠盗猎车手》《模拟城市》等游戏的人比短尾树蛙还要罕见。

卡内基·梅隆大学的两名教授说："我们常常调查学生对媒体的体验情况。一般而言，我们找不到一部全班 50 个学生都看过的电影，比如，只有大约 1/3 的学生看过《卡萨布兰卡》，然而，每个学生都玩过的视频游戏却通常不止一个。"

有些 40 多岁的人，对此十分失望，他们担心玩游戏会影响个人智力、阻碍社会发展。这一观点对视频游戏是有偏见的。事实上，美国威斯康星大学教授、《游戏改变学习》（*What Video Games Have to Teach Us About Learning and Literacy*）一书的作者詹姆斯·保罗·吉（James Paul Gee）认为，游戏可能是最佳的学习手段。"玩视频游戏离不开创意和勇气，其中内含了一套完备的学习准则，这些准则要比学校里那些反复练习、注重基础和不断测试的方法要好得多。"

因此，会有如此多的人购买视频游戏，然后花 50 ～ 100 个小时的时间来玩，这几乎和大学一个学期的学习时间差不多。詹姆斯写道："事实上，在玩视频游戏的时候，孩子们也是在学习，而且这种学习要比课堂学习的效果更好。学习并不只是记住毫无关联的知识，而是要把这些知识联系起来，并使之得到有效利用。"

已有大量研究显示，玩视频游戏能够提高概念时代至关重要的多种能力。

2003 年，《自然》杂志刊登的一项重要研究发现，玩视频游戏能够带来诸多好处。在视觉感知测试中，游戏玩家比非游戏玩家的得分平均高 30%，通过玩游戏，人们提高了自身识别环境变化以及瞬时的信息处理能力。甚至玩"方糖"（GameCube）游戏对于医生专业技能的提高也有帮助。一项研究发现："同不玩游戏的医生相比，每周至少玩 3 个小时游戏的医生做腹腔镜手术的出错率要低 37%，而且速度要快 27%。"还有一项研究发现，在工作时玩游戏可以提高工作效率，提升工作满意度。

研究发现，玩游戏可以提高右脑解决模式识别类问题的能力。玩游戏的很多方面都与交响力十分相似，如辨认主流趋势、创建联系以及综观全局。保罗·吉说道："人们需要学习如何深入思考复杂的系统，如现代化的工作场所、周边环境、国际关系、社会交往以及文化等，发掘事物之间千丝万缕的联系，明白决策失误将会带来极大的危害。"而游戏可以教会人们这一点。

此外，目前最为流行的不是像《美国陆军》这样的射击游戏，而是角色扮演游戏，这类游戏需要玩家选定游戏里的一个角色，通过这个角色在虚拟世界闯荡。通过玩这类虚拟游戏我们可以增强共情力，为真正的社会交往做好准备。

除此之外，游戏的影响力也开始扩展到医学界。例如，任天堂的GB便携型游戏机中的"血糖仪"（GlucoBoy），可以帮助儿童糖尿病患者监测葡萄糖水平。在加利福尼亚州的虚拟现实医疗中心（Virtual Reality Medical Center），临床医生借助模拟驾驶、飞行、高空、狭小空间和其他引发恐惧情绪的视频游戏来治疗恐惧症以及其他焦虑症。

当然，游戏并不完美。有证据显示，玩游戏和攻击行为之间存在一定的关联，但是否确有因果关系尚不明确。而且，有些游戏完全是在浪费时间。然而，游戏的现有价值已超出了父母或家庭价值道德学家的想象，当今时代，我们需要玩家在游戏中所培养的右脑能力。

● MET，是新型的 MFA ●

现在，游戏得到了上百万人的喜爱，更有上万人以此作为谋生手段，这一行业尤其注重全新思维。游戏行业的一位招聘人员说，理想的员工要"能够消除左右脑之间的分歧"。各个游戏公司都反对将艺术、设计、数学和认知心理学相分离的行为；相反，它们希望未来的员工能够综合并灵活运用多学科的知识。同时，随着游戏技术的日臻成熟以及常规编程工作向亚洲转移，游戏行业的重心也发生了变化。

> 一位游戏专栏作家写道："游戏设计方式的改变意味着，未来将会需要更少的程序员，而需要更多的艺术家、制片人、会讲故事的人以及设计师。正如一名游戏开发员所说：'我们不再只是单纯地依赖编码，现在的游戏更像是一种艺术的载体。'"

因此，现在很多艺术院校都设置了游戏艺术和游戏设计学位。例如，西雅图附近的迪吉彭理工学院（DigiPen Institute of Technonolgy）就设置了一个关于视频游戏的四年制学位。据《今日美国》（*USA Today*）报道，迪吉彭理工学院正"迅速成为酷爱游戏的高中毕业生心目中的哈佛"。该学院被戏称为"大金刚大学"。南加州大学享有盛誉的电影电视学院设立了游戏研究方向的艺术学硕士学位。该校游戏设计专业教师克里斯·斯温（Chris Swain）说："75 年前，南加州大学创办了电影学院，当时就惹人非议。但我们相信，游戏将成为 21 世纪的文学形式。从游戏行业的发展现状来看，也许有些不可思议。但这很快就会成为现实。"

卡内基·梅隆大学美术学院和计算机科学学院协力创办的娱乐技术中心，是游戏在新兴经济中居于中心地位的最直接体现。卡内基·梅隆大学还设立了一个全新学位：娱乐技术硕士（MET），这是"一个将左脑和右脑思维相结合的研究生课程"。所学内容从程序设计到商业、即兴表演等无所不包，学生最终获得的不是文学或理学学位，而是跨学科学位。

校方称，该学位是"该领域学术研究的巅峰，因此比文学学位或理学学位的意义更大，其学术价值堪比 MFA 或 MBA"。如果说 MFA 是新型的 MBA，那么 MET 也许很快就会成为新型的 MFA。获得这一学位需要全新思维，同时获得这一学位的人也将拥有全新思维。

幽默，人类智慧的最高形式

米哈里·希斯赞特米哈伊
著名心理学家

毫无疑问，幽默愉快的态度是创新型人才的典型特征。

趁着对游戏的印象还比较清晰，我们来玩一个"妙语选择"的游戏吧！游戏规则是这样的：首先我会给出一个笑话的开头部分，然后你从4个选项中选出恰当的妙语。准备好了吗？让我们开始吧。

全新思维案例

6月的一个星期六，琼斯先生看到邻居史密斯先生在外面，就朝他走了过去。琼斯问道："你好，史密斯，今天下午你要用你家的割草机吗？"史密斯很友好地答道："嗯，要用。"然后，琼斯说：

（a）"那你用完能借给我用一下吗？"

（b）"太好了。那你肯定不会用高尔夫球杆了，能借给我用一下吗？"

（c）"哎呀！"他踩到一个耙子，差点砸到他的脸上。

（d）"那些鸟总是吃我的草籽。"

正确的妙语应当选（b）。虽然答案（a）很合逻辑，但是不够新奇，不够有趣。答案（c）虽然比较新奇，而且其喜剧效果可能会博人一笑，但是却和开头不符。而答案（d）和主题完全不相干。

这则笑话不是从夜总会或家庭影院频道的喜剧节目上听来的，而是来自《大脑》杂志（*Brain*）刊登的一份1999年的神经科学研究报告，也许该研究能够解释，为什么这不只是一个笑话那么简单。两位神经系统科学家普拉比瑟·沙米（Prabitha Shammi）和唐纳德·斯特兹（Donald Stuss）曾做过一项实验，以检测大脑左右半球在理解幽默上发挥的作用。他们让众多被试参与"妙语选择"测试，结果显示：大脑健全的对照组成员选择的是你可能会选的（b），而右脑（尤其是右脑额叶）受损的实验组成员很少有人选择（b），通常他们会选其他答案，尤其是（c）。

根据研究，神经系统科学家们得出结论：右脑在理解和欣赏幽默方面发挥着至关重要的作用。如果右脑受损，那么即使是浅显的幽默人也无法理解。其原因既与个人的幽默天赋相关，又与右脑的某些特定功能相关。

幽默总是显得有些离奇，总是在情节展开的过程中突然出现某些惊人或奇怪的东西，而左脑不喜欢惊喜或新奇。它会大叫："高尔夫球杆？这和修剪草坪有什么关系？这完全说不通啊？"因此当涉及比喻和非语言表达时，左脑会向右脑求助，而右脑会从一个新的角度来解决这一问题。它会说："瞧，琼斯在戏弄史密斯呢。"但是如果钟爱笑话、擅长解惑的右脑也受损，那么大脑就更难以理解幽默了。笑话要达到的效果是从连贯的讲述中导出出人意料的东西，但如果大脑不能领会，这些让人忍俊不禁的笑话就只能是一个个令人费解的怪异事件。

这一关于妙语选择的研究，其重要性已远远超出选择本身。沙米和斯特兹认为，幽默是人类智慧的最高表现形式之一。他们写道："整个研究意义深刻。额叶一直被认为是大脑中最安静的部位。但它实际上却是人类大脑中最重要的部位之一……对人类最高级的认知能力的形成至关重要。"

右脑很多强大的能力都可以在幽默中显露无遗，如结合情境、综观全局，以及将不同的观点组合成新思想，这使得娱乐感在工作领域越来越有价值。法比奥·萨拉（Fabio Sala）在《哈佛商业评论》中写道："在40多年研究的基础上，各领域的研究人员达成一个共识——巧妙地运用幽默可以提高管理水平，减少敌意，消除偏见，缓解紧张气氛，振奋士气，以及便于沟通复杂的信息。"研究显示，大部分优秀高层管理人员的幽默感是中层管理人员的两倍。萨拉说："天生的幽默感同另一个显著的管理特性——高情商密切相关，也是该特性的一大标志。"

　　然而，幽默在组织中极易消失不见。"事实上，越是想制造幽默反而越会压制它，越是压制却又可能会使其复苏。"大卫·科林森如是说。多年来，他一直致力于幽默对组织作用的研究，曾对福特工厂的沉闷乏味进行了控诉。幽默在带来种种好处的同时，也会产生副作用。比如，消极的幽默可能会导致极大的危害，会使整个组织陷于瘫痪，产生难以愈合的分裂状况。科林森写道："幽默并不总是社会凝聚力的源头，它可能会导致或加剧工作场所内部的分裂、紧张、矛盾、权利不平衡以及不公平现象。"

　　但是，如果善加利用，幽默就可以成为管理者的灵丹妙药。科林森说："人们在工作场所讲的笑话同精心设计的调查一样，可以披露组织内部的大量信息，从公司管理到企业文化，再到内部矛盾，甚至比调查所显示的还要多。"

　　《哈佛商业评论》主编托马斯·斯图尔特（Thomas A. Stewart）发现，世界最大的能源交易商安然公司的不法交易，正是在公司员工的相互调侃中泄露出一些蛛丝马迹，才使得审计员发现了安然的不法行径，公司也从此臭名昭著。之后，斯图尔特建议挖掘公司内部的谈资，以发掘其本质。

　　此外，幽默可以使公司的凝聚力增强，任何在饮水机旁讲过笑话或在午餐时和同事谈笑风生的人都明白这一点。各大公司不应该像20世纪的福特公司那样禁止说笑，而应该把这些善于讲笑话的人才发掘出来，把娱乐感作为公司的一项重要资产。现在，我们不能再把幽默狭隘地看作一种娱乐方式，而要理解它的内涵：幽默是人类特有的高级智慧，

是电脑所不能复制的，并在高概念、高感性的时代里越来越有价值。

幽默：是一种特殊的情绪表现。它是人们适应环境的工具，是人类面临困境时减轻精神和心理压力的方法之一，更是一种与生俱来的觉察能力，并有着特殊的生物性机理与社会作用。

快乐，点燃创造力的引擎

快乐和幸福不一样，幸福是有条件的，而快乐不需要条件。喜欢笑的人更富有创造性，一起谈笑的人，也能在一起工作。

全新思维案例

在印度，任何事情都可能推迟，但欢笑俱乐部却总是很准时。早上6点半，基里·阿格若瓦（Kiri Agarawal）就会吹响口哨，然后43个人围成一个半圆，我和卡塔利亚医生以及他的妻子玛都丽也在里面。集合完毕，我们44个人就开始走动起来，一边拍手一边不断大喊："呵呵，哈哈哈……呵呵，哈哈哈。"

卡塔利亚住在孟买西北部的一个居民区，距离我们的活动地点普拉博得汉综合体育场（Prabodhan Sports Complex）只有几公里远。而所谓的"综合体育场"也只是一个泥泞的足球场，跑道早已破损不堪，四周围着一堵摇摇欲坠的混凝土墙。以前我也从未像现在这样在公共场所和陌生人一起活动，但在接下来的40分钟里，我和俱乐部的其他会员一起做了很多练习，比如瑜伽、健美操等，其中还融入了一些体验派表演方法，以达到更好的效果。

在开始的练习中，有一个是"合十礼欢笑"（Namaste laugh）。像印度传统的问候方式那样双手合拢，虔诚地置于面前，然后与另一名参与者四目对视开始大笑。我发现这对我来说太难了。迫使自己发笑，比第7章提到的强挤出虚伪的笑容还要困难。所以，我只是吼出"哈、哈、哈"这一连串音节。之后不可思议的事情发生了，这种被迫发出的笑声变得越来越自然，而且其他人的笑声也引发了我内心想要笑的冲动。

接下来的一项练习是"只管去笑（just laughter）"。卡塔利亚穿着牛仔裤，戴着钻石耳钉，身着红色T恤，上面印着"放眼全球，笑传当地"（think globally, laugh locally）的口号。在这个练习中，我们要模仿他的动作。只见他举起双手，手心朝上，边绕圈走边重复大喊："我不知道我为什么笑。"然后，我们也要这么做（见图8-3）。卡塔利亚笑的时候总是紧闭双眼，仿佛自己进入了另外一个世界。每笑一次，我们就按1-2、1-2-3的节奏拍手一分钟，同时喊着"呵呵，哈哈哈"。

图8-3 "只管去笑"练习

这一体验虽让人感觉怪异，却令人精神焕发。43 个人，大多数都是身着"纱丽"的老年妇女，她们的手像爪子一样张开着，吐出舌头，着魔般地发出"狮吼般的大笑"，这一幕看起来非常诡异。但是，在户外毫无理由地大笑可以使人精神大振，因为这的确感觉很好，尽管我对此还有些怀疑。

● 加入"欢笑俱乐部"，收获无条件的幸福 ●

之后我们回到卡塔利亚的办公室，他向我讲述了笑声是如何影响他的生活的。卡塔利亚出生于印度旁遮普邦的一个小村庄，是家里 8 个孩子中最小的一个。他的父母没有上过学，但是母亲一直希望他成为一名医生。后来，卡塔利亚果真考上了医学院。20 世纪 80 年代，他作为一名内科医生，开始在孟买巡游行医。20 世纪 90 年代早期，他开始编写一本健康杂志——《我的医生》（*My Doctor*）。他发现，笑可以帮助患者更快康复，之后，他在 1995 年写了一篇文章，名为《欢笑：最好的良药》（*Laughter: The Best medicine*）。

卡塔利亚当时就想：既然欢笑这么有用，那么为什么不创办一个欢笑俱乐部呢？ ①

全新思维案例

"1995 年 3 月 23 日凌晨 4 点，这个想法突然在我脑海中涌现。3 个小时后，我来到一个公园，问人们是否愿意加入欢

---

① 在优秀医生所说的话语中，大约有 1/4 都有类似"为什么不"这样的字眼。

笑俱乐部，和我一起欢笑。"但只有 4 个人接受了他的提议，不过他还是向他们解释了欢笑的种种好处。

他们 5 个人讲了很多笑话，这让他们感觉良好。于是他们每天都坚持这么做，可到第十天却遭遇了瓶颈：他们没有笑话可讲了。卡塔利亚也犯难了。但是随后他说，也许他们不需要笑话也能开怀大笑。他和身为瑜伽教练的妻子一起讨论了一系列欢笑训练的想法，然后得出一个结论："何不把瑜伽的呼吸方式同欢笑相融合，创立一个欢笑瑜伽呢？"由此，这一活动就诞生了。他说："我要不是医生，也许人们就会取笑我了。"这句话总能令他捧腹大笑。他闭上双眼，脑袋后仰，然后毫无顾忌地笑起来。

在卡塔利亚看来，幽默并非欢笑的前提。他的俱乐部旨在创造"忘却一切"的欢笑。"笑的时候什么都不要想。这就是冥想要达到的目标。"而拥有一颗禅心是通往快乐的途径。卡塔利亚说，快乐和幸福不同，幸福是有条件的，而快乐则不需要。"借助他物得来的欢笑并不属于你自己，这种笑是有条件的。但在欢笑俱乐部，笑容不是来自身外之物，而是来自我们的内心。"卡塔利亚指出，孩子在小时候还不明白什么是幽默，但他们还是婴儿时就会笑了。据说小孩子每天要笑几百次，而成年人却只有寥寥数十次。卡塔利亚说，成年人的幸福总是有条件的，但欢笑瑜伽可以让成年人像小孩子一样得到无条件的幸福。他告诉我说："我希望帮助人们重拾童趣。"

● 一起谈笑的人，也能一起工作 ●

现在我每天都想着要找回童心，所以经常会有意地转动眼睛或者把钱包藏起来。然而，科学证据是对卡塔利亚观点的最有力支持，欢笑的确可以带来很多好处。虽然欢笑不能治愈肺结核，但是毋庸置疑，笑这一特殊的人类活动——呼出气体、发出声音的行为，对我们大有裨益。比如，洛马琳达医学院（Loma Linda School of Medicine）神经免疫学中心的李·伯克（Lee Berk）博士研究发现，欢笑可以减少压力激素的分泌，增强人体免疫力。

神经系统科学家罗伯特·普罗文（Robert Provine），《笑的科学研究》（*Laughter: A Scientific Investigation*）一书的作者，从人类学和生理学的角度对欢笑进行了详细阐释。普罗文指出："虽然有关幽默和欢笑可以止痛的科学记录并不多，但已得到了越来越多的证实。"除此之外，欢笑还能起到有氧健身的作用，可以激活心血管系统，提高心律，增加身体各器官的血液供应。普罗文说，欢笑研究学者威廉·弗赖（William Fry）发现："在健身仪器上锻炼十分钟所达到的心跳水平，只需开怀大笑一分钟就能实现。"

或许最重要的是，欢笑是一种社会行为——有大量证据表明，通常与他人保持开心交往的人，身心更为健康愉悦。普罗文说："与笑话相比，欢笑与人际关系的联系更为密切。"我们很少独自发笑，但当别人笑的时候，我们就会禁不住大笑。欢笑是非语言交流的一种形式，可以表达情感、传递情绪，甚至比第7章所说的打哈欠还具有感染力。同欢笑本身一样，欢笑俱乐部也是免费的，它集瑜伽、冥想、有氧运动和社会交往这四种有利于身心健康的活动于一体，形成了一个全新的有益活动。

因此，卡塔利亚认为，欢笑俱乐部在人们备感压力的工作场所会大受欢迎。他说："在缓解工作场所的压力方面，欢笑至关重要。"卡塔利亚说，很多企业都认为，"越严谨的人越有责任感，但事实并非如此。这一观念已经过时了。喜欢笑的人更有创造力，工作效率更高。能一起谈笑的人，也能在一起更好地工作"。像葛兰素和沃尔沃等公司意识到了欢笑的重要性，在公司内成立了欢笑俱乐部。卡塔利亚的追随者，俄亥俄州自称是"快乐学家"的史蒂夫·威尔逊（Steve Wilson），把这一理念带到了美国各个公司。卡塔利亚说："每家公司都应该设立一个欢笑室。既然公司可以有吸烟室，为什么不设立一个欢笑室呢？"

我想IBM不久就会设立欢笑室，尽管会有人质疑《财富》500强企业是否愿意花钱让员工玩积木游戏。但是，显然在这个物质财富充裕的时代，欢笑达成了某些左脑做不到的事情。从更宽泛的意义上来讲，今天的娱乐道德能够增强和提升工作道德。游戏正在赋予新一代工作者全新思维的能力，引领了新的行业潮流，在这个行业，需要从业者具备概念时代必备的几项关键技能。在这个高度自动化、外包业务盛行的时代，幽默代表了复杂思维的多个方面。单纯的笑声可以带来快乐，而快乐又可以丰富人们的创造力、提高工作效率、加强人与人之间的合作。

早饭过后马上就要到中午了，这时卡塔利亚告诉我："有限的大脑是一门难懂的技术。数学意味着你做什么就会得到什么，而我认为，笑声就是绝妙的数学，在这里 2+2 等于 64，而不是 4。"说完后，他开心地大笑起来（见图 8-4）。

图8-4　欢笑俱乐部

让娱乐成为一种态度

寻找一家欢笑俱乐部

要让生活多一分情趣，一个简单易行的方法就是参加欢笑俱乐部。欢笑俱乐部近来发展迅速，或许在你周围就有一家。欢笑大师马丹·卡塔利亚医生还出版了《欢笑不需要理由》（ *Laugh for No Reason* ）一书，同时该书还配有视频和 DVD，书中对欢笑瑜伽的基本内容及其理论和科学根据作了详细介绍。这本书售价 30 美元，但参加俱乐部是免费的。正如卡塔利亚所说，在这些俱乐部里"无形式、不收费、没烦恼"。此外，在春天，一定要关注每年 5 月第一个星期日举行的"世界欢笑日"。现在跟我一起重复："呵呵，哈哈哈。"

全新思维工具箱

玩看图说话游戏

在第 2 章，我们提到过"彩虹计划"，即由耶鲁大学的罗伯特·斯滕博格根据 SAT 改编的、考评全新思维的测试。在这个和 SAT 相对立的测试中，有一道题是把《纽约客》漫画中的说明文字去掉，然后让参加测试的人去补充。

你也可以做做这样的练习，如果和其他人一起玩更好。从《纽约客》中挑选五六张漫画，把它们剪下来，盖住说明文字，然后让同伴根据这些没有文字的漫画设计一个属于自己的漫画故事。填字，擦掉，然后重复。你会惊讶地发现，这个游戏充满了挑战，十分有趣。（这对《纽约客》背面的填字游戏也是很好的训练。）

如果想了解这个游戏的背景或更多有关幽默漫画的信息，可以看看《纽约客》漫画编辑罗伯特·曼考夫（Robert Mankoff）所著的《漫画家真相》（*The Naked Cartoonist*）一书。如果你的确非常喜欢这个游戏，还可以读一下曼考夫编写的《纽约客漫画全集》（*The Complete Cartoons of The New Yorker*），其配套CD涵盖了该杂志已出版的所有68 647张漫画。曼考夫说，漫画说明要"有韵律、够简洁，让人大吃一惊"。漫画所体现的幽默取决于右脑的感知。他写道："大部分漫画或有趣的想法都涉及不同因素的怪异组合，这种概念和类型的混合恰恰极易受到大脑有意识地抵触，但却是构思新想法的必要条件，这就像是几个不同的观念交织在一起，相互协调，共同作用。"

测测你的幽默等级

内布拉斯加大学奥马哈分校教授詹姆斯·索尔森（James Thorson）将幽默分为不同的等级，很多研究人员和临床医生都用它来评估一个人的快乐指数。该测试所问问题，诸如，你是否会利用自己的幽默来解决问题，你的朋友是否认为你很风趣？索尔森研究发现："相对于幽默等级低的人，幽默等级高的人较少抑郁，毅力也更强。"你不妨做一下这个测试，看看你的幽默等级是多少。

寓发明于玩乐中

通常，发明创造与玩乐往往有很多相似之处。最伟大的发明家都很好玩，而最能玩的人也非常有创意。史密斯学会举办了一个"玩乐中的发明"（Invention at Play）巡展，就向人们展示了这两者之间的联系。该展览意在"发现儿童和成年人娱乐方式之间的相似之处，以及科学技术领域的创新过程"，剖析"隐藏在发明创造背后饶有趣味的思维方式"。

做个游戏玩家

你必须了解视频游戏，没错，是必须。如果你只知道什么是卷筒蛋糕，却不会玩游戏，那就赶快花些时间在线玩玩电脑游戏，或者玩玩游戏男孩和 PlayStation 游戏机。你可以请教你的孩子或者邻居家的孩子，还可以去电子商场逛逛，如百思买，这些商场往往展示了很多游戏，你可以让相关人员做个演示，对此，你绝对不会后悔，甚至还会陶醉其中。至少，你可以借此了解随游戏而出现的颇具影响力的新语法、叙述模式以及思维方式。如果想进一步了解游戏的奥妙，可以看看现有的任何一本游戏杂志。电子商场游戏卖区附近就有。

重返校园

激发内心童趣的最佳方式就是玩。因此，你可以重返校园，至少也要到操场上，坐在长椅上看看孩子们是怎么玩的。看看他们的好奇心是否会打动你这个成年人。

为了寓商业于娱乐，你可以安排员工重返小学。在张贴着"为人公正、不打架、讲文明"标语的教室里讨论公司战略，将别有一番新意。如果这

个方法对你很有帮助，可以来一次儿童馆探索之旅。不管是琳琅满目的手工展品，还是孩子们学习的身影和朗朗的笑声，这一切都会令你受益匪浅。请登录"儿童馆协会网站"，了解世界各地的儿童馆信息。

想想笑话的幽默之处

如果一个修女、拉比①和牧师一起走进酒吧，酒吧侍者会惊讶地抬头看着他们道："怎么回事？开玩笑呢吧？"

事实上，这就是一个笑话。在我看来，还是个非常有趣的笑话。为什么呢？仔细考虑一下这个问题，将会提高你的娱乐感。下次听到某个笑话的时候，请大声笑出来（如果确实好笑的话），然后想想这个笑话的幽默体现在哪里。是某个词语有歧义？某个字的发音搞笑？还是右脑领会了某个怪异的笑点？

我希望你对幽默的态度不要那么冷淡，要知道，你在同龄人中是否受欢迎，对我来说很重要。偶尔回味一下之前听过的笑话，你就会进一步了解怎样才能博人一笑，以及什么样的幽默更重要。

---

① 犹太教宗教领袖，通常为主持犹太会堂的人、有资格讲授犹太教教义的人或犹太教律法权威。——译者注

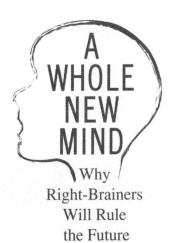

A
WHOLE
NEW
MIND

Why
Right-Brainers
Will Rule
the Future

09 意义感
探寻人生的终极幸福

我们生来就是要探寻人生意义，而不是来享乐的。理想的生活并不是在惊恐中寻找奶酪，而是走完这段路程，发现人生的真谛。

　　1942 年刚刚入冬，数百名犹太人被奥地利维也纳当局逮捕，其中包括一个名为维克多·弗兰克尔(Viktor Frankl)的年轻精神病学家。当时，弗兰克尔是精神病学领域冉冉升起的一颗新星，提出了一个有关心理健康的新理论。他和妻子蒂莉早就预料到会被逮捕，因此他们费尽心思把最重要的财物藏了起来。蒂莉赶在警察闯进家中之前，把维克多写的新理论手稿缝在了他上衣的内衬里。被逮捕后，两人被遣送到奥斯威辛集中营。

　　在集中营的第一天，维克多一直穿着这件上衣。但是第二天，党卫军警卫让他脱掉了所有的衣服，并予以没收，从此他再也没有看到过这份手稿。接下来的三年时间里，在奥斯威辛集中营待了一段时间后，他又被遣送到达豪集中营，而他的父母、妻子和兄弟接连被毒死。这段时间，他开始重写自己的理论，把相关内容都写在了偷来的纸片上。1946 年，在盟军解放集中营一年后，这些皱巴巴的纸张成为弗兰克尔《追寻生命的意义》(*Man's Search for Meaning*)一书的雏形，后来这本书成为 20 世纪影响力最大、最持久的作品。

在《追寻生命的意义》一书中，弗兰克尔描述了面对极其繁重的劳动、狂虐的警卫和食不果腹的悲惨境遇，他是如何坚持下来的。但这本书不仅是对如何在困境中生存的描述，还开启了探索人类灵魂的窗口，是人类追寻生命意义的指南。以自己在集中营的亲身经历，以及狱友的境遇和心理为依据，弗兰克尔详细阐述了这个在被捕前就已着手探究的理论。他说："人类最关心的不是获得快乐或避免痛苦，而是要探寻生命的意义。"人类生存的根本动力就是对人生意义的追求。弗兰克尔的存在分析治疗（Logotherapy）①，很快在心理治疗领域产生了重大影响。

弗兰克尔和他的狱友，甚至在条件如此恶劣的集中营也努力寻找人生的意义和目标。我对书中的一段话印象深刻："我能深深地体会到，即便一个一无所有的人，在回忆自己的挚爱时仍是那么地幸福，哪怕这种幸福转瞬即逝。"他说，即使在苦难中，也可以发现生存的意义，事实上，有时候意义可能恰恰源于苦难。但同时他也指出，苦难并不是探寻意义的先决条件。我们每个人都有探寻意义的渴望，而外部环境和内在意志的结合会激发我们的这种欲求。

名词解释

意义感：是指人类生存的根本动力是对人生意义的追求。每个人都有探寻意义的欲望，而外部环境和内在意志相结合后会激发我们的这种欲求。

---

① Logos，希腊语，意为"意义"。

为探寻意义而生

雅各布·尼德曼 美国著名作家	我们生来就是要探寻人生意义，而不是来享乐 的，除非玩乐深植于意义之中。

最后一点是本书的关键，也是彰显本书现世价值的关键。21 世纪初，在三大力量的共同作用下，人们对意义的追求达到了前所未有的高度。

首先，虽然贫困和其他社会问题依然存在，但是大部分发达国家人口早已摆脱了真正的苦难。 在第 2 章已经提到，我们生活在一个物质财富充裕的时代，人们的生活水平也达到了前所未有的高度。我们不再为了生计而奔波劳苦，有了更多的精力去探寻生命的意义。如果弗兰克尔和狱友们可以在奥斯威辛严酷的环境中找到生命的意义，那么我们当然也可以从舒适的物质享受中发现人生的意义。

同时，其他力量也在发挥作用。 第 3 章提到，庞大的"婴儿潮一代"是人口发展史上的一个里程碑。现在，他们剩下的日子已经不多，这促使他们开始探寻自己的灵魂、重新审视生活的重心。当前，恐怖主义依然存在，时刻提醒着人们生命何其短暂，也促使人们开始思考生命的意义。与此同时，科技水平日益提高，为我们提供了大量丰富的信息，给了我们更多选择。所有这些力量的共同作用使人们探寻人生意义成为可能，也挑起了人们寻找概念时代第六大必备能力的欲望。

诺贝尔经济学奖得主罗伯特·威廉·福格尔，把当今时代称为"第四大觉醒"（Fourth Great Awakening）。他写道："精神或非物质上的不平等同物质不平等一样严重，甚至更甚。"这同半个世纪之前弗兰克尔的观点是一致的，弗兰克尔说过："人们有充足的条件生存下来，但却没有人生追求；他们坐拥财富，但却找不到生活的意义。"

密歇根大学备受尊敬的政治学家罗纳德·英格尔哈特（Ronald Inglehart）对十几个国家过去25年的公众观点进行了跟踪和比较，发现存在一个趋同之处。每次世界价值调查（World Values Survey）都发现，受访者在精神和非物质方面表现出了更多的关心。比如，最近的一项调查显示，58%的美国人都说他们经常思考人生的意义和追求。很多德国人、英国人、日本人也是如此，尽管其比例不及美国。

> **名词解释**
>
> **第四大觉醒：**这个概念由诺贝尔经济学奖得主罗伯特·威廉·福格尔提出，是指对自我实现的追求从一小部分人扩大开来，在发达国家尤其如此。

英格尔哈特认为，发达国家的运行规律正逐渐发生改变，"正从'物质主义'（Materialist）价值观——即经济和物质安全至上的价值观，向'后物质主义'（Postmaterialist）价值观——即注重自我表现和生活质量的价值观转变"。美国记者格雷格·伊斯特布鲁克（Gregg Easterbrook）对此作了深刻且大胆的阐释："从物质需求到精神需求的转变达到了前所未有的高度，其覆盖范围达到了亿万人群，也许这将成为当代文化发展的主流。"

无论我们怎么称呼这个时代，是"第四大觉醒"、"后物质主义"价值观，还是"精神需求"，其结果都是一样的。意义感已成为工作和生活的中心。当然，探寻意义并不是轻而易举就可实现的事情，也买不到教你如何探寻意义的指导手册。但是，有两个非常实用的全新思维方法可以帮助个人、家庭或企业开始探寻人生的意义，即重视精神世界、重视幸福感。

名词解释

后物质主义： 一个后现代的新理论，指由个体及社会所带动的一个持续转变，使他们从基本的物质需要中释放出来的持续革命。

人类的根本未必是宗教，而是精神

罗伯特·菲尔斯通博士
作家兼心理治疗医师

从别人写在石头下面的文字中，你永远不会找到人生的意义。只有自己用心思考，给生活增添色彩，才会发现它。

有"世界理工大学之最"之称的麻省理工学院也十分重视精神世界。著名分子生物学家埃里克·兰德（Eric Lander）曾说，科学只是认识世界的一种方式。在很多领域，越来越多的人开始意识到，精神性是对人生意义和人生目标的追求，是人类赖以生存的基本组成部分，而并不一定是指宗教。事实上，我们的信仰不是宗教，而是比我们自身更强大、隐藏在背后的信念，它也许就植根于我们的大脑之中，存在于大脑的右半球，这一点或许并不奇怪。

安大略省劳伦特大学的一位神经系统科学家迈克尔·伯辛格（Michael Persinger），用一个叫作"上帝的头盔"（God helmet）的设备进行了一项备受争议的实验。伯辛格让被试头戴头盔接受大脑扫描。大部分被试都报告说他们感觉到了上帝的存在，或有一种同万物合一的感觉。这项实验证明，神秘的精神思想和体验或许是神经生理学的一部分。

与此同时，宾夕法尼亚大学神经学家安德鲁·纽伯格（Andrew Newberg）还扫描了修女在祷告或与上帝进行交流时大脑所呈现的状态。结果表明，在这些时候，大脑中控制自我意识的区域不是很活跃，这样她们就可以与某个更强大的事物融为一体。

他们和其他科学家研究开创了一个新领域，即神经神学，专门探索大脑和精神体验之间的关系。加州理工学院神经系统科学家史蒂文·库沃茨（Steven Quartz）说："对人类生物结构的研究已清晰地显示出，我们是有意义的社会生物，我们渴望和谐，希望拥有人生目标。"

● 给健康来一份信仰保单 ●

至少，我们应该更为注重精神世界。研究表明，它可以提高我们的生活质量，在大部分人的物质需求已经得到满足，甚至过度满足的时代，精神世界更富价值。比如，现代社会的一些疾病如压力过大、心脏病等，可以通过精神治疗得以缓解。

- 杜克大学的一项研究显示，一般而言，经常做祷告的人比不做祷告的人血压低。
- 约翰斯·霍普金斯大学的研究人员发现，参加宗教活动会降低患心脏病和癌症的风险，还能减少自杀概率。
- 有一些研究发现，注重人生意义和人生目标的女性能更好地抵制癌症等疾病。
- 还有一些研究发现，坚信人生有更高的追求可以降低患心脏病的概率。达特茅斯学院的一项研究显示，决定心脏病患者生存概率的因素之一是患者的信念和对祈祷的信仰。
- 除此之外，经常去教堂做礼拜的人似乎更加长寿，甚至能控制自身的各种生理和行为变化。

但这个领域十分棘手，又颇受争议，部分原因是很多行骗者假借上帝的力量假装为人治病。如果只靠精神与癌症作抗争或治愈骨折，肯定会遭受极大的痛苦。但如果用全新思维的方式来治疗——即将左脑的理性和右脑的精神性相结合，效果会很好。

第3章已经提到，美国半数以上的医学院已经开设了精神和健康方面的课程。据《新闻周刊》报道："72%的美国人都表示，他们愿意和自己的医生谈论信仰。"因此，有些医生已开始对患者的"精神历史"进行记录。例如，医生会问他们是否从宗教中寻求慰藉，他们所在的社区是否有着坚定的信仰，以及自己是否看到了更深刻的人生意义。当然，这是一个很敏感的话题。但是杜克大学的哈罗德·科尼格（Harold Koenig）曾对《宗教新闻社》（*Religion News Service*）说："20年前，医生要记录患者的性生活史，现在的情形和当时是一样的。"据科尼格估计，

5%～10% 的美国医生都会以某种形式记录患者的精神历史。 和叙事医学一样，精神和健康医学的兴起也是医学领域的一大趋势，它提倡将每个患者都视为一个完整的个体，而不应只将其简单地看作一个病人。

● 在平凡的工作中，发现自己的价值 ●

另一个开始逐步注重精神世界的是商业领域。在概念时代，如果后物质主义价值观盛行，而我们也更渴望"追求意义"，那么这一现象在工作场所蔓延就具有现实意义了。

5 年前，南加州大学马歇尔商学院教授伊恩·米特洛夫（Ian Mitroff）和咨询顾问伊丽莎白·丹顿（Elizabeth Denton）合作发表了一份报告，名为《对美国公司的精神调查》（*A Spiritual Audit of Corporate America*）。他们就工作场所的精神性问题采访了近百名公司主管，并由此得出了一些惊人的结论。

大部分主管对精神性的定义十分相似，他们都认为精神性并不是指宗教，而是"探寻人生目标和人生价值的基本欲求"。然而，很多主管担心在工作场所谈论精神话题会触犯不同员工的宗教信仰禁忌，所以他们一般不会进行这样的交谈。同时，米特洛夫和丹顿还发现，员工渴望将精神价值带到工作中去，这样他们就能投入自己全部的精力，但是真要这样做时他们又感觉很不自在。

读过这份报告，你的脑海中很可能会呈现出这样一幅画面：人生的意义和目标如同一条奔腾的溪流，而公司总部却犹如一道水坝，将其拒之门外。但也有人指出，如果精神洪流得以释放，也许公司的效益会更好。米特洛夫和丹顿还发现，如果公司认识到了精神价值的重要性，并将其同公司目标相结合，其业绩会比那些没有这么做的公司要好。换言之，在工作中融入精神性不会影响企业目标的实现，反而更利于目标的达成。

随着越来越多的公司开始意识到这一点，商业领域会越来越重视精神性，人们也越来越渴望在赚钱的同时，还可以从工作中找到生活的意义。

> 最近美国的一项调查显示，3/5 以上的成年人都认为，越注重精神世界的人工作绩效越好。英国著名领导力研究机构罗菲·帕克（Roffey Park）的年度管理调查显示，70% 的被调查者都希望自己的职业生涯更有意义。过去几年，一些相关机构相继成立，如"工作精神协会"（Association for Spirit at Work）；一些重大的事件也接连而至，比如国际年度"商业精神大会"（Spirit in Business Conference）的召开。

在商业投资领域，我们也看到了人们对精神性的重视不断提高，它帮助那些探寻意义的人们得到满足，实现对卓越的渴望。你可以回顾一下第 2 章提到的蜡烛行业，或者想一想瑜伽馆的蓬勃发展，以及像丰田普锐斯和美体小铺（Body Shop）化妆品等"绿色环保"产品的出现。博学多识的《福布斯》杂志出版人里奇·卡尔加德（Rich Karlgaard）曾说，这是下一个商业周期。第一个商业周期是20世纪90年代的质量革命，之后就是卡尔加德所谓的"低价革命",它大大降低了各类产品的价格,使手机和互联网在世界范围内得以普及。

卡尔加德还说:"那么接下来是什么呢?就是意义、目标以及深层次的生活体验。你可以使用任何你喜欢的字眼来形容这个新的时代,但是你一定要明白,消费者对生活品质的追求还在不断提高。牢记著名心理学家亚伯拉罕·马斯洛和维克多·弗兰克尔的理论观点,并以此来指导自己的行为。"

幸福不是追求来的,是随之而来的

> 理想的生活并不是在惊恐中寻找奶酪,它更像是一条环行小路,其目标只是走完这段路程。

维克多·弗兰克尔曾写道:"幸福不是追求来的,它是随之而来的。"但是它是随什么而来的呢?自人类知道什么是烦恼以后,就一直在思考这个问题。现在,心理学界对此作出了一些解答,这在很大程度上要得益于"积极心理学之父"马丁·塞利格曼[①]博士的研究。

在理论心理学发展的进程中,多数时候其涵盖范围广泛,无所不包,却唯独没有关注过幸福。它研究了疾病、失调症以及功能障碍等各个方面的问题,却大大忽略了让人感到满足的东西。1998 年,塞利格曼接管美国心理学协会后,逐渐把心理学引向了一个全新的方向。和其他许

———————

① 马丁·塞利格曼的幸福五部曲《持续的幸福》《真实的幸福》《活出最乐观的自己》《认识自己,接纳自己》《教出乐观的孩子》已由湛庐引进。——编者注

多科学家一样，塞利格曼开始将注意力转移到对人类幸福感和满足感的研究上来，以揭开人类幸福的奥秘，并鼓励更多的人去关注幸福。

● 让工作为你而荣耀 ●

● 塞利格曼认为，幸福感是多种因素共同作用的结果，部分取决于生物学因素。我们生来就有某种相对稳定的快乐区间，但人与人之间的快乐程度是不同的，有的人比较忧郁，有的人却比较欢快。然而，我们都可以学会如何得到较多的快乐，而此时幸福感也就随之而来了。

● 塞利格曼还认为，带来幸福感的因素包括满意的工作、避免负面事件和负面情绪的产生、美好的婚姻以及广泛的社交。同样重要的还有感激之心、宽容之心和乐观的态度。研究表明，赚更多的钱、接受大量教育或是安逸的生活环境似乎与幸福感并无联系。

这些因素组合在一起可以创造一个塞利格曼所说的"快乐生活"（Pleasant Life），使我们对过去、现在和未来都持积极乐观的态度。然而快乐生活只是追求享乐主义过程中的一个阶段，更高的阶段是塞利格曼所说的"美好生活"（Good Life），即发挥自己擅长的"个人优势"，在人生的主要领域获得满足。它可以把工作从斯特兹·特克尔（Studs Terkel）口中的"从周一到周五的垂死挣扎"，转变成一种使命。

"使命是最令人满意的工作形式，因为使命同感激之情一样，动机都很单纯，是为了满足精神需求，而不是为了追求物质利益。"塞利格曼说，"据我预测，人们工作的主要原因，将从追求物质利益过渡到享受工作带来的乐趣上去。"美好的生活对于事业也十分有利。塞利格曼还说:"越是感到幸福的人,工作效率越高,收入也就越高。"现在,甚至还出现了一个以积极心理学为基本信条的管理思想。

但是美好的生活并不是幸福的终点。塞利格曼说:"人类不可避免地会追求幸福的第三种形式,即对人生意义的追求。要明白自己最大的优势是什么,并利用它们实现更大的目标。"这种超越自我的方式同修女和僧人的自我修炼没有太大的区别。当今社会经济的繁荣和物质财富的充裕,使得越来越多的人可以,也愿意投入对人生意义的追求中,而意义感将成为个人生活和价值观的中心。

● 过程才是关键,不是目的地 ●

全新思维案例

过去 10 年最畅销的商业书是一本薄薄的小书,它还有一个奇怪的书名:《谁动了我的奶酪?》。它其实是一则商业寓言,全球销量达到几百万册。书中描写的是小矮人哼哼和唧唧的故事,他们只有老鼠般大小,共同生活在迷宫里,而且都非常喜欢吃奶酪。他们在宫殿里生活了很多年,每天都在里面找奶酪吃,终于有一天他们找到了很多奶酪。但是过了不久,哼哼和唧唧突然发现他们视若珍宝的切德奶酪不见了。是的,有人动了他们的奶酪。但是他们俩的反应却不一样。哼哼哭个不停,希望拿走奶酪的人会把它送回来;而唧唧虽然也很不安,但他却很理智,想进入迷宫去找别的奶酪。最后,唧唧劝说哼哼说他们应该采取措施解决问题,而不是坐等奇迹出现。从此,两个小矮人又过上了幸福的生活，至少在奶酪再次被动之前。这个故事的寓意是：变是生活中唯一的不变，当变化发生后，最明智的反应不是抱怨或等待，而是面对现实并予以应对。

我不否认《谁动了我的奶酪？》一书蕴含的道理，但我却不认同里面的比喻。在概念时代，可以说亚洲的崛起和自动化总是在动我们的奶酪。然而，在这个物质财富充裕的时代，我们已不再是生活在迷宫里，对当今时代而言，环行小路才是更贴切的比喻。

人们总是把迷宫和环行小路混为一谈，但实际上两者有很大的不同。迷宫里有很多条混乱的路径，而且大部分路径都是死路，进入迷宫后，你的目标是逃出来，而且越快越好。而环行小路是一条螺旋形的通道，你的目标是沿着它走到中心，然后回转，再走回去，速度完全由你掌控。迷宫是一道分析题，而环行小路是动态冥想的一种形式；迷宫让人茫然不知所措，而环行小路可以使人凝神静思；在迷宫里，你会迷失方向，而在环行小路上，你会陶醉其中；走迷宫需要左脑发挥作用，而走环行小路可以让你的右脑自由飞翔。

现在，美国的公共和私人环行小路已有 4 000 多条。它们的快速流行归因于众多因素，其中很多已在前面讨论过，接下来也会谈到其他一些。据《纽约时报》报道："当代，很多美国人开始在教堂之外的地方寻求精神上的慰藉，越来越多的人再次把环行小路作为祷告、内省以及精神治疗的圣地。"

环行小路到处都是，如瑞士的市中心广场，英格兰的乡村绿地，丹

麦、美国的印第安纳州以及华盛顿等地的公园，加州北部的大学、加州南部的监狱，以及教堂里，如曼哈顿河滨教堂（Riverside Church）、华盛顿国家大教堂、奥尔巴尼卫理公会大教堂（Methodist Churches）、圣何塞一神教堂（Unitarian church）以及休斯敦的一个犹太教堂。同时，环行小路还出现在医院和其他医疗机构，图 9-1 所示的环行小路就在美国港口城市巴尔的摩的约翰斯·霍普金斯大学湾景医学中心。

图9-1　环行小路

全新思维案例

前不久的一天早上，我曾走过一条环行小路，这条环行小路由 10 厘米见方的砖块砌成。8 个白色砖块砌成的同心圆围成一个圆形区域，这个区域的直径大约是 60 厘米。外围的几块方砖上分别写着：创新、信念、智慧和信心。人们通常会选择其中一个词，一边绕着圈向中心走，一边在心中默念那个词，就像冥想时在念咒语。

我沿着第一个圆的左方向走了一圈，停下来看看四周，一侧是个医疗中心，另一侧是个停车场。我并没有什么特别的感觉，只是觉得自己在绕着圈走。于是我又开始前进。为了避免分心，这次我低着头，把目光放在这个圆圈的两条弧线上，开始慢慢地行走。片刻后，我感觉有点像是行走在一条长长的空无一人的道路上。由于不必倾注太多的注意力，于是我的大脑进入了另一个境地，这让我感到出奇的平静。这种体验同第 6 章提到的绘画课和第 8 章提到的欢笑俱乐部的感受十分相似，并不令人感到惊奇，它同样抑制了左脑的思维能力。

设计并修建了约翰斯·霍普金斯大学环行小路的是大卫·托尔兹曼（David Tolzman），他说："环行小路让右脑得以释放。由于左脑把注意力放在了走路的进度上，这时右脑就可以自由地展开联想了。"

在把环行小路纳入文化潮流方面，作出最大贡献的是旧金山格雷斯大教堂（Grace Cathedral Church）的主教牧师劳伦·阿托斯（Lauren Artress）博士。几年前，她参观了法国的沙特尔大教堂（Grace Cathedral Church），教堂正厅的地板上雕刻着一个直径约为 13 米的环行小路。这个环行小路已经 250 年没有用过了，当时上面堆满了椅子。阿托斯把椅子搬走，绕着环行小路走了一圈。之后她把这一理念引入了美国。她在格雷斯大教堂铺设了两条环行小路，这两条环行小路现在已非常著名。她还设立了一个部门，为教堂和其他机构提供相关培训和铺设环行小路所需的设备。

阿托斯说过："我们生活在一个注重左脑思维的世界。然而，我们必须将之同另一个完整的世界相结合，以迎接下一个世纪的挑战。"走进环行小路，"人们的意识会从线性过渡到非线性"，并能发现"自己深刻、本能、模式化的一面"。她说，这种体验同在迷宫里的体验是不同的。"它会让你发现一个全新的自己，同绞尽脑汁解决问题的体会完全不同。"单是环行小路独特的形状就非常有意义。"圆是整体性和统一性的典型标志。所以，走进环行小路，人们就会思考自己的整个人生。"

现在美国大约有 40 家医院和医疗中心铺设了环行小路，其原因与共情力和故事力对医学领域的影响是一样的。人们越来越认识到，虽然医疗分析是绝对必要的，但有时候并不足以满足人们的需要，那些自新时代开始就不受重视的方法反而能促进患者的康复。

在全新思维的影响下，世界上最好的医学院之一约翰斯·霍普金斯大学铺设了环行小路，其筹划者希望建立一个可以让患者、家人和全体医务人员"放松身体，舒缓心绪"的地方。环行小路也许已经起到了作用。在环行小路旁边有两个晒得发黄的笔记本，走过环行小路的人可以在上面写下自己的感受。这两个笔记本证实了环行小路可以抚慰心灵，促使人们思考人生的意义。医生和护士会在这里写下此前经历的惨痛遭遇；正在等待患者手术成功的家属会写下自己的祷告和思考，以转移注意力；患者也会写下自己与病魔抗争的动人故事。下面就是其中一个，是我来此之前几天刚刚写下的：

> 和所有走过这条环行小路的人一样，我也把自己的感想写在了笔记本上。

一周前的今天，我还是个医生，但现在我的生活已进入另一个崭新的阶段。行走在环行小路上，我心中在不断地重复的一个词："信心。"

我对崭新的未来充满了信心。

当然，环行小路并不能拯救这个世界，而书中提到的 6 大能力中的任何一个也无法拯救这个世界。从信息时代到概念时代的过渡不是一件易事，从左脑思维到右脑思维的转变也不是一件易事，同样，将艺术感和情感同人们所青睐的逻辑和分析能力相结合亦不是一件易事。这一切都还未获得有意义的发展。但这也许正是问题所在。正如维克多·弗兰克尔所说，理想的生活并不是在惊恐中寻找奶酪，它更像走环行小路，过程才是关键，而不是目的地。

发现生活中的幸福

表达谢意

心怀感激会带来很多好处。它会增强我们的幸福感，深化对人生意义的认识。因此，马丁·塞利格曼积极倡导"登门致谢"(gratitude visit)。"登门致谢"是这样的：想一想生命中是否有一个人对你非常友好而慷慨，而你却一直没有找到合适的机会表示感谢，那么就给他写一封感谢信，详细解释你为什么对他心存感激。然后去拜访他，把这封感谢信大声地读出来。塞利格曼认为，这一礼节效果甚佳。"当你登门致谢，所有人都会落泪，大家都会深受感动。"

现在，已经有越来越多的学者致力于积极心理学的研究，塞利格曼及其他学者的研究表明，感激之情是个人幸福的一大关键。那些感激过去、珍惜当下的人，会更容易产生满足感；而那些陷入痛苦、失望而难以自拔的人却做不到这一点。塞利格曼说，"登门致谢"可以有效地"增强积极记忆的效果，提高其持续性

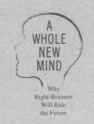

全新思维工具箱

239

和频率"。

登门致谢的一个原因是,它可以产生一种动力。那些被感谢的人往往也会想到自己从未感谢过的人。于是,他们也去"登门致谢",而被感谢的人又会去感谢其他人,这样便形成了一个充满感激之情和满足感的循环链。

此外,还有两种感谢方式是生日感谢清单和每日例行感谢。生日感谢清单十分简单。每年在生日当天,列出一些值得感谢的事情——这些事情的数目与你当年的年龄相当。在40岁生日时,我也列了一个感谢清单,如红酒,以及我的孩子们能够在这个自由的国度里健康地成长等。每年都在感谢清单中添加一些值得感激的事情,这样随着年龄的增长,你所感激的事情就会越来越多。把感谢清单保存好,每年生日的时候拿出来回顾一遍。它会带给你一种满足感,能够抚慰因时间流逝所带来的焦虑。

每日例行感谢,是把感谢融入日常生活中的一种方式。每天,在某个特定时刻,想一件值得感谢的事情,有些人是在睡觉前,有些人是做别的日常活动的时候,比如早上喝咖啡的时候、铺床的时候,或出门那一刻。也许对你们当中一些人来说,这些表达感激的行为听起来有点过于情感化。但无论如何,请试一试。我敢担保你会感激我的。

做 20-10 测试

这个测试来自著名管理大师吉姆·柯林斯。他鼓励人们要审视自己的生活,尤其是工作,问一问自己如果有2 000万美元的存款或者得知自己只有10年寿命的话,你是否还会继续做现在正在做的事情。例如,如果你无条件地继承了2 000万美元的遗产,你还会像现在这样生活吗?如果得知你最多还有 10 年的寿命，你还会继续做现在的工作吗？如果答案是否定的，那么你就应该好好思考一下了。当然，仅凭这个测试不能决定你的人生历程，但是这个测试还是不错的，至少其答案可以说明一些问题。

给自己来个心态测试

有两种自我测评能够帮助人们衡量与人生意义相关的生活质量和生活态度。虽然这两项测试都无法精确衡量意义感这一难以把握的能力，但是它们都非常有趣也很实用，值得我们去探索。

第一个测评来自马里兰洛约拉学院（Loyola College）的拉尔夫·皮埃蒙特（Ralph Piedmont）博士，他把该测试称为"精神超验等级"（Spiritual Transcendence Scale）测评。皮埃蒙特说："在精神超验等级测评中得分高的人，认为人生可以有更远大的规划和更深刻的意义。而得分低的人则更关注物质追求，他们看到的只是当前的生活状态，却看不到更深层的人生意义。"

第二个自我测评是"核心精神体验指数"（Index of Core Spiritual Experience，INSPIRIT），这项测试来自马萨诸塞州莱斯利学院（Lesley College）的贾瑞德·卡斯（Jared Kass）博士。该测评首先衡量精神体验和总体幸福感，再分析两者之间是如何相互作用的。例如，我的测评结果告诉我："你的幸福感很强烈，但是对你来说，精神性对提升幸福感的作用也许不是很大。"再次声明，这个测试并不能让你完全了解自我。但是它可以让你明白，精神性在幸福感中起着多大的作用。

去掉"但是"

如果发现自己被一些障碍所牵绊，你知道什么可以使你的生活更有意义吗？用下面这个简单的练习去冲破那些障碍吧！

列出生活中想要作出的一些重大改变，以及阻碍你实现这些改变的因素。

● 我很想抽出更多时间陪陪家人，但我经常出差。
● 我想吃得更健康一些，但在工作时我总是吃太多甜食。
● 我想多读一些书，但我却几乎没有时间坐下来看书。

现在回头再看这些事项，然后把"但是"换成"而"。

● 我很想抽出更多时间陪陪家人，而我经常出差。所以有时候，我要设法在出差时带上家人。
● 我想吃得更健康一些，而在工作中我总是吃太多甜食。所以我需要自己带一些更健康的食品，以抵制想吃不健康零食的欲望。
● 我想多读一些书，而我几乎没有时间坐下来看书。所以，我需要找到一些书籍录音，这样就能在车上或者健身房听了。

把"但是"换成"而"，可以让你不再为自己找借口，而是全力解决生活中的难题。但如果这个方法失败了呢？你往往会说："我想要改变生活，但是平克书中的练习没能帮到我。"

给自己一个安息日

每周都抽出一天时间让自己回归宁静。不要工作，不要回复邮件，也不要理会语音信息，手机也关掉。大多数西方宗教都有一个安息日——每周的第七天，这是祈求宁静、进行反思和诚心祷告的一天。无论你的信仰是什么，请试着做一做。值得一提的是，这不必非要与宗教相关。非宗教的安息日同样可以让我们再次精神焕发。此外，你可以阅读韦恩·穆勒（Wayne Muller）的《安息日：寻找我们忙碌生活中的宁静、新生和快乐》（*Sabbath: Finding Rest, Renewal, and Delight in Our Busy Lives.*），这本书可以为你提供有益的指导。如果你很难将每周一次的安息日坚持下去，那么可以考虑试试穆勒的另一种方法："选择生活中的一个日常行为作为短暂的安息时刻。"无论什么时候，比如开门时或去接电话时，"稍微停一下，用心呼吸三次，然后再打开门或者接电话"。安息日虽然很短，却是忙碌的生活中非常重要的一刻。

寻找环行小路

我曾试过冥想，但效果非常不好，也曾想过瑜伽，但是身体柔韧性又不够好。然而，我却发现自己对环行小路出奇地着迷，甚至想将来也要有个后院，还要铺设一条环行小路。我的注意力难以长时间集中，又很难坐着不动，所以恰好符合环行小路需要人们不停走动的特性。此外，移动冥想还可以让人平静下来、凝神静思。如果想寻找环行小路，可以先参考以下网站：

1. 世界环路定位（The Worldwide Labyrinth Locator）

在这里输入你所在的城市或国家，就可以找到离你最近的环行小路。

2. 环路社区（The Labyrinth Society）

该网站以其简称 TLS 而闻名，包含大量有关环行小路的信息。同时，网站上还列出了一些环行小路，以及几个漂亮的虚拟环形小路。

3. 环行小路

英国的一个资源中心，涵盖了环行小路的一切信息，以及英国大量有关环行小路的信息。

要想了解更多有关环行小路的信息，有两本书不得不读：即劳伦·阿托斯所著的《惊悚之行》(*Walking a Sacred Path*)，以及德国摄影家尤根·霍姆马斯（Jurgen Hohmuth）所著的《环行小路与迷宫》(*Labyrinths and Mazes*)。

查看自己的时间安排

我们大多数人很容易就能说出自己心目中最重要的事情。但是现实生活是否符合我们的最大期望呢？你可以用下面的方法来检验，在生活中人们总是将该方法视为钟爱的生活教练和时间管理专家。首先，把你心目中最重要的人、活动和价值观列出来，然后把这份列表的条目缩减到10条或10条以下。之后，利用你的掌上电脑、日程安排表和办理保险时赠送的日历，来查看一下上个星期或上个月你是如何度过的。有多长时间用在了你认为重要的事情上？哪些事情成功地体现了自己的价值观？自己想要做的和实际所做的存在什么差距？这一方法能够让你保持诚恳的态度，促使你为生活增添更多色彩。

致献他人

很多书中都会有献词页。可是，作者为什么都这么喜欢写献词呢？为什么不是所有人，如管理人员、推销员、护士甚至是会计，都把自己的工作成果致献给他人呢？

我曾深受内奥米·埃佩尔（Naomi Epel）的《观景台》（*The Observation Deck*）一书的启发，并产生了这个想法。同时，《观景台》一书也是第 9 章工具箱内容的来源。埃佩尔写道："我曾听丹尼·格洛弗（Danny Glover）说，他把自己的每一次表演都献给某个特别的人，如纳尔逊·曼德拉或者是看守舞台大门的老人，他总是为别人而努力，而不是为了自己。这一理念使他的表演具有目的性，也使他的工作更加丰富多彩。"

你也可以这样做。把自己的努力——一场演出、一个销售电话或者一份报告献给一个你所仰慕的人或在你生命中重要的人。当你把自己所从事的事情当成一份礼物送给他人时，它就会变得更有目的性、更有意义。

想象自己 90 岁的样子

人的寿命在不断延长，我们中的大多数人都会活到 90 岁。用半个小时来想象一下，自己 90 岁时的样子。以 90 岁的立场来看，你现在的生活是什么样的？你获得了什么成就？作出了什么贡献？你的遗憾是什么？这要做起来并不容易，无论从智力上或者情感上来说都是如此，但是它非常有价值。维克多·弗兰克尔认为当务之急就是："假设这是你的第二次生命。如果前生有任何遗憾，现在就马上去弥补吧。"对这一问题的思考，可以帮助你达成所愿。

全新思维，决胜未来

本书涉及领域广泛。希望你在读这本书时，可以像我在写作时一样，将之作为一种享受。既然你已经准备好步入概念时代了，请允许我最后再给你一些建议。

第 3 章已经提到，你的未来将取决于对以下三个问题的回答。在这个新时代，我们每个人都必须对自己的行为负责，问问自己：

- 完成同一件工作，外包人员是不是比我的成本低？
- 电脑是不是比我更迅速？
- 在物质财富充裕的时代，我提供的服务是不是人们所需要的？

这三个问题将成为未来佼佼者和落后者的分界线。无论个人还是机构，只有从事那些外包知识工作者不能以更低的成本完成的、电脑不能快速实现的，并能满足当今繁荣时代审美、情感和精神需求的工作，才能作出一番事业。而那些无视这三个问题的个人或机构将举步维艰。

在写作过程中，有两组科学家的研究为这本书的论点提供了有力的支撑。

- 达拉斯美国联邦储备银行的迈克尔·考克斯（W. Michael Cox）和理查德·阿尔姆（Richard Alm）汇总了10年的企业招聘数据，研究发现：招聘人数最多的是那些要求具备"人际交往能力和高情商"的职业（如注册护士），以及需要"想象力和创造力"的职业（如设计师）。
- 麻省理工学院的弗兰克·利维（Frank Levy）和哈佛大学的理查德·默南（Richard Murnane）合作出版了一本脍炙人口的著作《劳动的新分工：电脑将如何影响未来的就业市场》（*The New Division of Labor: How Computers Are Creating the Next Job Market*）。他们在书中谈到，电脑正在淘汰常规工作。台式电脑的出现以及商业程序的自动化，大大提升了人类两种能力的重要性。他们把第一种能力称为"专业思维，即解决常规方法无法解决的新问题"，另一种是"综合沟通，即劝说、解释或以其他方式表达对某一信息的独到见解"。

显然，概念时代正在来临，要想在这个时代生存，就一定要掌握之前所述的高概念和高感性能力。这既给我们带来了希望，又带来了风险。

我们的希望是，概念时代的工作将非常民主。你不必去开发新一代手机，或探寻新的可再生资源。概念时代不仅有众多的发明家、艺术家和企业家，还有大量想象力丰富、高情商、右脑思维活跃的专业人员，如咨询师、按摩师、教师、设计师以及优秀的推销员。除此之外，我想说明的是，你所需要的设计感、故事力、交响力、共情力、娱乐感和意义感这6大能力是人类的基本能力，是人人都具备的本能，只要加以训练就会激发出来。

我们面临的风险是，当今世界运作节奏过快。电脑和网络日益发达，两者之间的联系也日益密切。中国和印度逐渐发展为强大的经济体，发达国家的物质财富也在不断增长。这就意味着在这个世界，能获得最大回报的将是那些与时俱进、不断进取的人。率先开发全新思维、掌握了高概念和高感性能力的人将脱颖而出。而那些难以接受新鲜事物或故步自封的人将被淘汰，甚至会遭受重重困境。

选择权掌握在你手中。新时代充满了各种机遇，但故步自封或顽固不化会错失很多良机，希望本书会给你带来一些有用的启示和帮助。欢迎你与我分享自己的故事或相关测试，我的邮箱是：dpp@danpink.com。

同时，感谢你阅读本书！祝你在这个注重艺术感和情感的时代里一帆风顺！

经过两个月的时间，终于完成了《全新思维》一书的翻译。首先我要感谢出版社给予我翻译这本书的机会，否则我不知道多久之后才能接触到这本具有启迪意义的重要书籍。此外，我还要感谢发达的网络。在翻译过程中，我遇到了很多人名、地名以及专有名词的难题，但网络为我提供了很大的便利。

在书中，我看到了未来职业的发展趋势。本书挑战了人们对人类大脑的传统认知，从全新的角度阐释了左右脑在未来将发挥怎样的作用，介绍了未来的职业变化。

此外，翻译的过程也是一个让我改变对左右脑认识的过程。从传统意义上而言，左脑的地位远远高于右脑；社会更加重视的是"理性"的左脑，而"感性"的右脑却往往被置于次要的地位。但丹尼尔·平克以前瞻性的眼光分析了未来将发生的巨变。他指出，在未来，"感性"的右脑将取代"理性"的左脑而占据统治地位。右脑思维将得到更大的重视，未来将取得最大成功的也是那些右脑思维者。这就启示我们，从现在开始就要重视右脑思维的开发。

之前我所持的观点同传统认知是一致的。从

小我就认为左脑思维比右脑思维更优越，往往认为那些数理化好的学生更聪明，更有天赋。高中文理分班时，更多的家长也往往鼓励孩子选择理科。大家普遍的观点是，理科更有前途，在未来将获得更好的就业机会。而文科则被视为冷门科目，前途渺茫。现在，我已对未来有了全新的认识。时代在发展，价值观在变化，人们的需求也在随之改变，也许，未来的世界真的会属于那些右脑思维者。

丹尼尔·平克在书中介绍了未来个人的职业成就感和满足感将越来越多地取决于"6大必备能力"——设计感、故事力、交响力、共情力、娱乐感和意义感。此外，他还分别给出了开发和提升这些能力的工具箱和练习，帮助我们更好地理解掌握这6大能力。

一个注重右脑思维的概念时代正在来临。要想在这个时代取得成功，就必须摒弃旧观点，充分开发右脑思维。那些故步自封、不愿接受新事物的人将会遭受重重困难，甚至会被淘汰。所以我们要抢占先机，率先开发这6大能力。

本书具有极大的开拓性价值。阅读这本书的人将率先认识到未来的格局，也将先人一步开发右脑思维，因此将有更大的机会取得成功。所以，建议读者认真阅读，相信你一定会得到一些启示。

最后，感谢以下各位同仁在本书翻译中给予的协助：程亮、曹玉兰、李敏、时红云、张苏、张惠、肖一石。

高芳

未来，属于终身学习者

我们正在亲历前所未有的变革——互联网改变了信息传递的方式，指数级技术快速发展并颠覆商业世界，人工智能正在侵占越来越多的人类领地。

面对这些变化，我们需要问自己：未来需要什么样的人才？

答案是，成为终身学习者。终身学习意味着具备全面的知识结构、强大的逻辑思考能力和敏锐的感知力。这是一套能够在不断变化中随时重建、更新认知体系的能力。阅读，无疑是帮助我们整合这些能力的最佳途径。

在充满不确定性的时代，答案并不总是简单地出现在书本之中。"读万卷书"不仅要亲自阅读、广泛阅读，也需要我们深入探索好书的内部世界，让知识不再局限于书本之中。

湛庐阅读 App: 与最聪明的人共同进化

我们现在推出全新的湛庐阅读 App，它将成为您在书本之外，践行终身学习的场所。

- 不用考虑"读什么"。这里汇集了湛庐所有纸质书、电子书、有声书和各种阅读服务。
- 可以学习"怎么读"。我们提供包括课程、精读班和讲书在内的全方位阅读解决方案。
- 谁来领读？您能最先了解到作者、译者、专家等大咖的前沿洞见，他们是高质量思想的源泉。
- 与谁共读？您将加入优秀的读者和终身学习者的行列，他们对阅读和学习具有持久的热情和源源不断的动力。

在湛庐阅读 App 首页，编辑为您精选了经典书目和优质音视频内容，每天早、中、晚更新，满足您不间断的阅读需求。

【特别专题】【主题书单】【人物特写】等原创专栏，提供专业、深度的解读和选书参考，回应社会议题，是您了解湛庐近千位重要作者思想的独家渠道。

在每本图书的详情页，您将通过深度导读栏目【专家视点】【深度访谈】和【书评】读懂、读透一本好书。

通过这个不设限的学习平台，您在任何时间、任何地点都能获得有价值的思想，并通过阅读实现终身学习。我们邀您共建一个与最聪明的人共同进化的社区，使其成为先进思想交汇的聚集地，这正是我们的使命和价值所在。

CHEERS

湛庐阅读 App 使用指南

读什么
- 纸质书
- 电子书
- 有声书

怎么读
- 课程
- 精读班
- 讲书
- 测一测
- 参考文献
- 图片资料

与谁共读
- 主题书单
- 特别专题
- 人物特写
- 日更专栏
- 编辑推荐

谁来领读
- 专家视点
- 深度访谈
- 书评
- 精彩视频

HERE COMES EVERYBODY

下载湛庐阅读 App
一站获取阅读服务

本书中文简体字版经授权在中华人民共和国境内独家出版发行。未经出版者书面许可，不得以任何方式抄袭、复制或节录本书中的任何部分。

北京市版权局著作权合同登记号　图字：01-2023-1729

版权所有，侵权必究
本书法律顾问　北京市盈科律师事务所　崔爽律师

图书在版编目（CIP）数据

全新思维 /（美）丹尼尔·平克（Daniel H.Pink）著；高芳译 . -- 北京：中国财政经济出版社，2023.7（2024.6重印）
书名原文：A Whole New Mind
ISBN　978-7-5223-2311-4

Ⅰ．①全…　Ⅱ．①丹…　②高…　Ⅲ．①成功心理－通俗读物　Ⅳ．①B848.4-49

中国国家版本馆 CIP 数据核字（2023）第 111597 号

责任编辑：罗亚洪　　　　　　　责任校对：胡永立
封面设计：ablackcover.com　　　责任印制：张　健

全新思维
QUANXIN SIWEI

中国财政经济出版社　出版
URL：http://www.cfeph.cn
E-mail:cfeph@cfemg.cn
（版权所有　翻印必究）

社址：北京市海淀区阜成路甲 28 号　　邮政编码：100142
营销中心电话：010-88191522
天猫网店：中国财政经济出版社旗舰店
网址：https://zgczjjcbs.tmall.com
石家庄继文印刷有限公司印装　　各地新华书店经销
成品尺寸：170mm×230mm　　16 开　　17.25 印张　　171 000 字
2023 年 7 月第 1 版　　2024 年 6 月河北第 3 次印刷
定价：99.90 元
ISBN 978-7-5223-2311-4
（图书出现印装问题，本社负责调换，电话：010-88190548）
本社图书质量投诉电话：010-88190744
打击盗版举报热线：010-88191661　　QQ：2242791300